副總編輯　馮忠恬

可以一直旅行嗎？

2018年底，去了趟冰島，回台灣後人生一直有時差。旅行時吸收到的陽光空氣水與生活方式，全是養分。要緊的從來不是旅程有多愉快（因爲不可能永遠愉快），而是把自己放到不熟悉的環境，當五感打開，所有的驚喜慾望都像乘著氣球的美麗泡泡。

每天總是好奇的探索，想知道當地人吃什麼想什麼爲什麼這樣過活？同樣都是地球人，生長在不同緯度環境的彼此，怎麼能有這些差異？想把這份對過日子的新鮮感保留，貪心的想著，可以一直旅行下去嗎？

於是便在台灣製造機會。旅行就像任意門，馬上把你帶到另一個環境裡。我們跑到最南的屏東與最北的基隆，一個總是豔陽高照，一個常陰雨綿綿。屏東的醬油、巧克力、咖啡館與豬腳；基隆的醬料、小吃與處理得很好的豬內臟，讓我們像發現新大陸般。許多人喜歡的台南，還有什麼隱藏版鄉親不說的店家呢？（神明指名的早餐店、不打不成器的烏魚腱……）、後山台東因族群間的頻繁交流，交織出西部少見的飲食特色，其中的私房名物有哪些？花蓮阿美族的十菜一湯是什麼？台、日攝影師如何以他們的攝影之眼，看待食物或其場域的靈光。

忙碌時，我曾挑戰過一日花蓮、屏東、台東之旅。台灣既小且大，小的是距離，大的是還有很多我們不了解之地。不管有一天、兩天、一個禮拜、還是一個月，只要給自己一個機會，日子可以常保新鮮有趣。

對了，這期有兩個新專欄。攝影師叮咚的Food！Food！Food！拍出了食物與人的溫暖；日本料理研究家德永久美子，讓人怦然心動的麵包料理，敲敲我們的腦袋，原來可頌也可以夾餡啊！

這次來不及去離島，下回！希望我們可以一直一直旅行下去。

Contents City Food! 台灣食物旅行學

Hualien

Tuesday
台中

Monday
基隆

給自己一場　旅行的時間！

Thursday
屏東

台南／林師炒飯

Wednesday
台南

誰說旅行一定得到他方，花費好不容易攢下的存款？
交通的便捷，讓我們可以輕易的在台灣，以城市對城市，
開展出饒富趣味的生活圈。

無論是一天、兩天、一個禮拜還是一個月？
都有好多值得的探索。

Weekend
花蓮

Friday
台東

台灣食物旅行學

這次，我們讓城市領路，
帶給大家不同的旅行提案，
原來……
基隆可能是全台最會料理豬內臟的城市，
到嘉義，不只火雞肉飯，還有美乃滋涼麵～
自助餐的祖先在台南？！
花蓮阿美族的十菜一湯跟想像的不一樣，
這期就是要給你出走的任性理由，
天涯海角，
讓我們從餵飽自己與發現食物的驚喜開始！

TAKE A TRIP

彰化
24小時都有
爌肉飯可吃
雲林
像嗑瓜子般嗑龍珠
嘉義
不吃火雞肉飯
還可以吃什麼?
台南
知道神明指名的
早餐店是哪一間嗎?
高雄
鴨肉的味道
屏東
醬油風味研究室
台東
煮海為鹽

CITY FOOD!

City food
Part 1

桃園
台北
基隆
新竹

食物，標誌著一個人的身世與記憶，
每座城市，都有屬於自己的味道，
基隆的蔥油餅、台南的牛肉湯、高雄的鴨肉飯、屏東的肉粿……
我們邀請走遍全台不知幾百圈的食材專家徐仲，告訴我們他的看見。
如果每座城市只能挑一個來吃食，他的選擇會是什麼？

文、圖／徐仲

1 基隆－蔥油餅

先煎後烤 不吃上三個不罷休

我喜歡到基隆吃蔥油餅，尤其是早上，在鼎沸的人聲中，看著小巧厚實的蔥餅在攤位上成片排開，一旁通常有個平底大鐵鍋，帶著蔥綠的白麵糰，在鍋中漸漸轉黃轉褐，不遠處有個大烤箱，鐵盤上層層疊疊都是煎好的蔥油餅，如此先煎後烤的做法，就是基隆特色，餅酥脆味香甜，著實迷人。若是熱天，我會點杯冰豆漿，搭配三個蔥油餅，一口漿一口餅，若是冬天，那就要點碗餛飩湯，蔥油餅一樣來三個，但其中一個要加蛋，另外兩個或吃原味，或是來點辣椒醬，在熱湯肉鮮中，餅甜蔥韻，交織出美好的基隆風情。

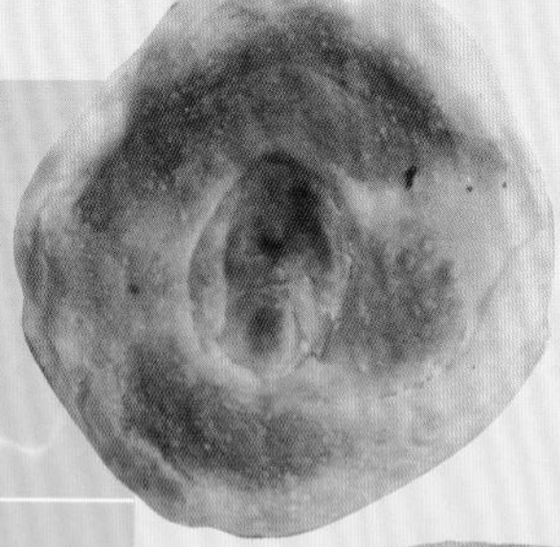

SHOP INFO **周家蔥油餅**
02-2425-9988
04:30-12:30（週一公休）
基隆市中正區信二路309號
（中正公園下、信二停車場旁）

SHOP INFO **陳家早點**
02-2462-7270
04:30-12:30（週一休，賣完為止）
基隆市中正區中正路316號
（安瀾橋派出所旁）

2 台北－牛肉麵

喝湯頭 吃肉塊 品麵條

在台北吃牛肉麵，其實是滿足三件事，喝湯頭、吃肉塊和品麵條。湯頭是靈魂，非關紅燒或清燉，這些都是表象，因此好湯頭不該是醬油味也不該是中藥香，而是肉鮮和脂甜的比例分配，那是店家熬煮萃取的功力，只要一匙，濃郁甘美，勝負便知。

湯中的肉塊，美好的關鍵不在大小也不在部位，而是恰如其分，要展現肉的質感，煮過頭就柴了，煮不透就硬了，火候拿捏，咬下剎那便知，嫩中有彈性，越是咀嚼越有滋韻，那就對了。至於麵條，或寬或細各有擁護，紅燒湯頭我愛細麵，總覺得醬香肉甜中品嚐咬勁是種美好，清燉湯頭則選寬麵，因為淡雅清香中，入口的麵就得軟軟地懶懶地，吃了之後全身舒爽。

SHOP INFO **鼎珍坊美食會館**
02-2781-2518
11:30-14:30、17:30-21:30
台北市大安區復興南路一段219巷1號

SHOP INFO **大師兄牛肉麵**
02-2351-5106
11:30-14:00、17:00-20:00
（週日休）
台北市大安區金山南路二段151號

PROFILE **領路人 徐仲**

縱橫美食圈18年，被稱為台灣最懂食材的人之一，不在產地，就在去產地或書寫食材的路上。關心在地飲食文化，頻繁往返北中南東，是業內許多主廚、美食記者等諮詢、仰賴的對象。近期升格為人夫，期待以另一種身分與視角，帶給讀者更多屬於這塊土地的美好飲食。

3 桃園－米干

品味四十年代滇緬游擊隊的飲食況味

路過中壢，我總會抓時間吃碗米干，早餐或午餐皆可，米干是以米為原料做的麵條狀食物，比客家粄條細扁，口感略帶彈性，源自雲南，扎根於桃園中壢的龍岡地區，代表著民國四十年代滇緬游擊隊到台灣後的生活。

我喜歡點湯米干，大骨熬出的湯頭香中帶鮮，吸吮啜口就是過癮。如果宴客，我會找幾間窗明几淨的連鎖店家，嚐的是氛圍。假使自己吃，我會往傳統市場鑽，在擁擠處自有飄香，品的是味道。假使肚子還有空間，前菜會先來碗雲南豌豆粉，餐後再來一粒破酥包，拿在手中，逛市場時吃，就是悠閒的桃園味。

SHOP INFO **忠貞雲鄉米干本店**

03-456-8767
06:00-14:30（週一到週五）
06:00-19:00（週末）（週一休）
桃園市中壢區龍平路207號

4 新竹－肉圓

少紅糟一味 就不道地了

台灣的肉圓派系複雜，但少了紅糟味，就不算新竹肉圓，這點倒是清楚明白。

我喜歡坐在攤頭旁，看著層層疊疊堆高的待炸肉圓，半透明的肉圓皮透著些許的紅，那是佐以紅糟調味的豬肉餡，還有糖、醬油及剁碎的青蔥，可以想見浸在溫油中，熱力漸漸滲入，餡料在熟透間，香氣緩緩成形，等到入口的一剎才迸發，光是憶想，滋味撩人。點上一份，老闆自大油鍋中撈起肉圓，稍稍瀝油，剪幾刀，淋上紅通通的醬料，我知道醬料內有許多添加物，但唯有此味，才能搭起彈口的肉圓皮，咀嚼中得甜香感，也才能襯托出內餡的唯美滋味。

至於搭配肉圓的湯品，許多人喜歡名產貢丸湯，但我獨愛魚羹湯，原因無他，彈口者已交給肉圓扮演，不需再找一個搶戲者，如此而已。

SHOP INFO **竹蓮肉圓**

03-525-2796
08:00-19:00（週一休）
新竹市東區西大路28號

6 台中－麻薏湯

苦後回甘的在地融入感

喜歡麻薏湯的理由非關美味，而是一種在地融入感。

我喜歡到市場的麻薏湯攤子，點一碗添加了地瓜的麻薏湯，說是湯其實是羹，稠稀的質感中總有幾尾吻仔魚，提著鮮味，綴著湯色，一碗綠意盎然中，有著地瓜黃和仔魚白，喝著喝著，滋味美上心頭。

人人皆說麻薏有苦韻，我個人覺得還好，苦韻細細微微，反而是種甘味，另一個不怕麻薏味的原因，在於喝麻薏湯一定會點一桌小菜，再加上一碗肉臊飯，一口飯一口湯，或者偶爾將羹湯淋一匙到飯上，如飯湯般的邊扒邊啜，淅淅瀝瀝，真是滿足。

SHOP INFO 山河魯肉飯

04-2220-6995

05:30-15:00

台中市中區公有第二零售市場

SHOP INFO 栗鄉糯米飯

03-737-5009

06:00-11:30（週一公休）

苗栗市中山路674號1樓

5 苗栗－糯米飯

圖的是米飯與蘿蔔乾的美妙搭配

有時會為了吃碗糯米飯特別跑到苗栗，我指的糯米飯並非客家油飯，而是苗栗早餐獨有的糯米飯，圖的不僅是糯米的彈與黏，還有糯米飯上必定添加的蘿蔔乾配料，正確講是將蘿蔔乾切成細碎狀，佐以些許豆干、蝦皮或芹菜末，用以大火炒過，加在有醬味的糯米飯上，感覺油香油香，蘿蔔乾的脆口感和鹹甘韻，搭配著糯米本身的甜，開胃又滿足。

若是有胃口，我通常會再點碗米粉麵，顧名思義，就是米粉加上麵，這種吃法也獨屬苗栗，還有不能缺的水晶餃湯，不論是糯米飯或米粉麵，有著這一碗湯才完整。

7 南投－意麵

麵體白皙 其來有自

第一次被南投意麵吸引，原因在於高掛在市場中曬乾的麵條場景，如同飄揚的選舉旗幟般，小巧不占空間，有著濃厚的家庭式手工感。

相對於名聲較響亮的鹽水意麵，南投意麵製麵時不加鴨蛋，色澤白皙，麵身略扁，曬好之後，在麵攤的玻璃櫥中，一小捆一小捆地排排疊疊。每回點碗麵，老闆拿出一捆，丟入煮麵網杓，在滾水中浮沉待熟，爐旁的肉臊是亮點，南投肉臊同樣以油蔥提味，醬色偏淺，肉末碎皮，麵好時分，加上肉臊，再撒點綠蔥，就是碗美好的南投意麵。

對了，吃這兒的意麵，我只吃乾麵，因為要點碗丸子湯，彼此相搭才夠味。

SHOP INFO 阿章意麵

04-9222-6558

06:30-17:30（週一至五）、

06:30-18:30（週末）

南投縣南投市民權街126號

8 彰化－爌肉飯

從選豬部位到插竹籤的各式講究

我曾經想寫一篇24小時的彰化爌肉飯小記。早晨七點阿龍開了，八點可到成功路的阿泉，九點能去竹竿那處吃……。在這個城市，有些爌肉飯只開早晨，有些下午才開，有些只賣宵夜時刻。

簡單的一碗飯一塊肉，因為醬味及火候，卻能交織出許多不同風采。要稱為彰化爌肉，一定要選腿庫肉，這是豬的後腿肉中的某塊部位，有肥有瘦，比例恰好，燉煮時味為了定型，往往會插上一根竹籤，這也成了彰化爌肉的標誌。

點一碗飯，滷蛋和油豆腐是必備，湯品則是蝦丸湯，若是攤販恰巧提供彰化獨有的小雞捲，那就太幸福了。

SHOP INFO **泉焢肉飯**
04-728-1979
07:00-13:30
彰化縣彰化市成功路216號

SHOP INFO **夜市爌肉飯**
04-728-7567
15:30-18:00
彰化縣彰化市成功路10號

9 雲林－魷魚嘴羹

舌齒交磨 巧食龍珠

到斗六若有閒情，我會特別留出時間，吃份魷魚嘴。

魷魚嘴肉有清蒸有醬滷，滋味各不同，我通常會點瓶台啤，來一盤魷魚嘴！魷魚嘴就是龍珠，對我而言，此味不求飽，而是純然巧食。魷魚嘴肉黏在硬殼上，要靠舌齒交磨的技巧，剝出了肉吐出了殼，一粒便可在口中把玩許久，宛若嗑瓜子般，一粒一吐殼，在咀嚼中回味，想著剛剛那一嚼一吐間，動作是否帥氣，流暢度是否值得竊喜？這就是浮生半日的偷閒之樂。

自愉之後，隨著心意決定是否來碗羹，溫熱滑稠，恰可幫略酸的嘴頰緩一緩，此乃大樂。

SHOP INFO **阿國獅魷魚嘴**
05-535-4010
08:30-19:30
雲林縣斗六市大同路112號

SHOP INFO **阿興嘴吃嘴魷魚嘴羹**
05-534-6701
08:30-19:30
雲林縣斗六市中正路56號

10 嘉義－涼麵

淋上美乃滋醬的涼麵吃過嗎？

在台灣叫一盤涼麵，通常搭配麻醬或肉醬，綴以些許小黃瓜絲。唯有在嘉義，涼麵上頭會再多一大匙白醋。這裡談的白醋不是米醋，而是美乃滋醬。

為何美乃滋醬以「白醋」之名暢行嘉義？我猜是製作時有添加米醋，也可能是酸溜酸溜的韻味恰如其名。話雖如此，美乃滋醬多數出現在龍蝦冷盤或生菜沙拉中，不會淋到白飯或麵條上，願意這樣吃，且吃得理直氣壯者，唯有嘉義人。

因為所以，每回見到涼麵上頭多了美乃滋醬，麵條體不是黃圓鹼麵，而是寬扁麵體，我就知道老闆是道地的嘉義人，既然如此，我通常會加點涼圓或皮蛋豆腐，理所當然也淋上了美乃滋，在這樣的酸溜味中，可別俗氣的點碗湯，必需來杯麥茶，才是在地的味道。

SHOP INFO **公園老店涼麵**
05-275-7874
09:00-17:00（週二休息）
嘉義市東區新生路171號

11 台南－牛肉湯

SHOP INFO 六千牛肉湯

06-222-7603
05:00-11:00 (週二到週四休)
台南市中西區海安路一段63號

咀嚼之間 層次分明

我認為「湯鮮肉甜」四個字可以形容台南牛肉湯。

說來簡單，其實複雜，熬湯的牛肉和牛骨要講究，提升湯底的甘蔗或洋蔥等配料是秘方，究竟如何掌控溫度和時間，透過湯料比例萃出了「鮮」，就是站穩市場的基底。台南牛肉湯的鮮不同於牛肉麵的湯頭，鮮味會隨時間變化，因為汆燙的牛肉片講究溫體生鮮，第一口湯是本味，第二口湯是半熟牛肉融了湯頭的滋味，第三口湯是全熟牛肉釋放的感動，一口一味，是種心境上的昇華。至於肉甜，談的是牛肉的部位：和尚頭、翼版、腴心雪花等，油花自少到多，咀嚼之間，甜味層次分明，如此複雜變化，若要說個明白，終究一嘆，除非親自感受，否則還是淡淡說句「湯鮮肉甜」，差可擬也。

12 高雄－鴨肉飯

或鹹菜或筍絲 感受菜肉相佐的在地味

吃鴨肉飯是一種情懷感動，因為這是高雄的味道。

碗端上桌，就顯海派，不是台南肉臊飯的淺薄小碗，而是中型碗公的尺寸，內容澎湃，鴨肉切塊切條切丁，鋪撒在滿滿的白飯上，有著市井的豪邁感。然而鴨肉獨食太孤獨，某些店家加上鹹菜，某些則是筍絲，如此菜肉相佐，剎是美好。

每回點了鴨肉飯後，必然會再點碗鴨下水，也就是鴨內臟，或是清燉或是當歸，各有韻意，我會用筷子將鴨肉與飯粒拌勻，讓淋下的肉汁顯出醬鹹油香，狠狠扒入一口飯，再喝一口湯，些許下水，肝的軟嫩胗的脆口，還有鴨肉特有的鮮韻感，這就是高雄的好滋味。

SHOP INFO 鴨肉和

07-281-2988
10:00-21:00 (週一休)
高雄市三民區建國三路395-1號

13 屏東－肉粿

肉與粿的綜合體

肉粿是一種豐儉由人的食物，名為「肉粿」，其實是兩款食物的合體，也就是「肉」和「粿」。

不論早餐或下午茶，來到賣肉粿的攤子，首先一定得切些「粿」，以米漿製成的簡單風味，單純而美好，接下來就看要怎樣點「肉」，常見的有香腸、臘肉或炒過的三層肉，多少或比例都可討論，也可加些海味諸如蝦子等。有肉有粿，接著決定調味，有蒜泥醬、特色油膏或辣醬，加加減減，味道反映出當日心情。最後加上一大杓米漿，這是用米漿與虱目魚骨熬出的湯頭，清雅鮮甜。

於是乎，稠稠的濃濃的，滋味繽紛多變的，豐儉由人，不外如是。

SHOP INFO 林記肉粿

08-835-1367
07:30-13:30
屏東縣東港鎮光復路三段84號

SHOP INFO　阿南米粉羹
03-932-2458
07:00-17:00（週三公休）
宜蘭縣宜蘭市文昌路66號

14 宜蘭 - 米粉羹

酸中帶甜 米粉版酸辣湯

想知道人在蘭陽溪的南邊或北岸，點一碗米粉羹就知道了。在溪北，米粉羹的米粉是粗米粉，且多是當日製作的濕米粉，羹湯內容澎湃，除了常見的木耳、芹菜和胡蘿蔔，還會有黑輪或甜不辣，最後淋上酸韻漂亮的黑醋，這樣的滋味，到了溪南，米粉羹多是細米粉，且少有黑輪等物。 雖然偶有例外，但大體如此，至於想知道是不是身在宜蘭，同樣可由一碗米粉羹知道答案，只有這兒的米粉羹湯，滋味酸中帶甜，猶如酸辣湯般，勾過芡的湯頭，喝起來稠稠糊糊，在溫度略低的時候，暖暖潤潤，體驗宜蘭的美。

15 花蓮 - 剝皮辣椒雞

超佐食良品

每次提起花蓮，舌尖就會隱隱傳來微甜辣韻，因為我想念剝皮辣椒了。

將青辣椒油炸後剝去外皮，再用醬油、糖、鹽等醃漬，裝在玻璃罐中，就是讓人流連的剝皮辣椒。此味可生食可烹煮，屬於居家旅行的必備良物。每次到花蓮，挑個喜歡的牌子，通常一路相隨佐食。譬如買了公正街的包子，佐一根剝皮辣椒恰好提味，譬如買了炸彈蔥油餅，搭上剝皮辣椒感到解膩，又或是到餐館點了雞湯，理所當然遞過剝皮辣椒，吩咐滾湯時加一些。這些「添加」舉動，理論上唐突了店家，但是唯有剝皮辣椒，你會獲得肯定的眼神，因為在地人知道，你識貨。

SHOP INFO　群酌小吃
03-853-5906
11:00-14:00、17:00-21:00（週一休）
花蓮縣吉安鄉東里一街61號

SHOP INFO　拉勞蘭小米工坊
08-978-2547
10:00-17:00（日、一休）
台東縣太麻里鄉10鄰21號

16 台東 - 奇拿富

原住民的小巧長條粽

到了台東，總要嚐嚐原住民朋友的風味餐，其中的代表就是奇拿富（cinavu），有人稱為阿拜（Abai），或是統稱為小米粽。這是款很小巧的長條粽，外包可食的葉子通常是甲酸漿葉，裡面包裹著小米和肉餡，有些是豬肉，有些是魚肉，隨著族群或信仰而改變，散佈在排灣族、魯凱族或卑南族的家中，屬於在地的原鄉媽媽味。

在我的經驗中，最有趣的體驗是以梅乾菜做內餡的奇拿富，製作者的媽媽是客家人，父親是卑南族人，因此家中餐桌詮釋了族群融合的意義，這正是飲食文化的可貴處，由食物中窺見了生活。

基隆

的旅行

攝影／高凱新

屏東

Go Out! 最南與最北

最北的旅行

醬料、早餐、市場與那些豬內臟

基隆

Go out!
2.1
Part

文、攝影／沈軒毅

來到基隆，巷弄內、市場裡，總能發現令人回味的小食。

廟口、崁仔頂、孝三路、仁愛市場，仁愛區幾乎每條街都有特色小店。緊鄰的信義區，信義市場後方有小吃一條街，環境不算好，但米粉湯、水煎包、旗魚麵線羹、紅糟肉圓都有一定口碑。

沿著港邊東岸往濱海公路，從蔥油餅吃起，中正區還有三沙灣的肉羹和麵線羹、正濱漁港炭烤吉古拉、水產米苔目和碧砂漁港的海鮮。

孝三大腸圈店面潔淨，夏天奉上冰茶，冬天則有熱湯可喝。

港口西岸往仙洞的中山區，過去內木山煤礦的煤炭以高架纜車送出，中華路、復旦路一帶被稱為「流籠頭」、「流浪頭」，附近除了有米粉湯與老劉、卞家牛肉麵，復旦路還被稱為咖哩沙茶牛肉炒麵一條街，幾家老店各有特色，半夜還有清魚湯可喝。

暖暖區則有窯烤麵包舞麥窯，源遠市場的小市場咖啡更是文青必訪。

安樂區的安樂市場附近有郭家巷頭粿仔湯、大腸圈和菜頭滷等。

七堵區的七堵市場附近有咖哩麵、臭粿仔湯、虱目魚等，六堵工業區還有道地的泰國菜小店，百福社區也有美味白斬雞。

基隆自一八六三年開港以來，吸納了各民族帶來的文化，成了人文薈萃的大熔爐，細細品味基隆美食，便能感受到這海納百川的一方風土。

對了，別忘記基隆市區咖啡館密度可是全台之冠，到基隆來一場食物旅行，眞好。

基隆三寶家族

火鍋三寶

- 蛋腸
- 三記魚餃
- 吉古拉

魚漿三寶

- 三記魚餃
- 天婦羅
- 吉古拉

小吃三寶

- 丸進辣椒醬
- 紙包醋
- 馬記小磨香油

蝦三寶

- 劍蝦
- 胭脂蝦
- 大明蝦

海鮮三寶

- 鎖管
- 白帶魚
- 飛魚卵

基隆小吃醬料學

舀一匙辣醬拌入乾麵、羹湯淋幾滴烏醋，嚐一口，你就會知道這是基隆的味道。

至今，基隆小吃店頭家依舊使用在地生產的醬料，丸進辣椒醬、紙包醋、馬記小磨香油不僅是業者口中的三寶，也是在地人喜愛的調味料，在基隆各雜貨店幾乎都能賣到。

丸進是乾記行生產的辣椒醬，logo是個紅色圓形，裡頭寫著「進」字，圓圈在日文裡「丸」，也就是マル，唸起來像是「馬路」，因此這瓶辣椒醬被稱為丸進或馬路進。乾記行還以生產味噌出名，辣椒醬加了味噌調製是最大特色，辣味中還帶著味噌甘甜。小吃業者會以丸進辣椒醬為底，稀釋後使用，或添加醬油、糖、番茄醬等煮成自家風味，若是看到桌上的甜辣醬帶著味噌顆粒，多半就是使用丸進。

幸福食品行生產的王冠牌烏醋，也稱為幸福牌烏醋，因外表以白紙包裹，在地人慣稱為紙包醋。紙包醋屬於合成食醋，是將冰醋酸稀釋再加多款香料烹煮而成，酸度不算高，聞起來有著濃郁的香料氣味，羹湯加上些許就能生色不少。

至於馬記小磨香油，至今保留全台少見的水洗式製法，白芝蔴洗淨後去除雜質、蔴皮，再焙炒至全熟，研磨成醬，注入滾水搖晃4個小時至油水分離，取上層蔴油，經過靜置沈澱，即是白蔴油，早年芝蔴焙炒後得靠石磨研磨，因此稱為小磨香油。馬記的純白芝蔴油，瓶身會貼上「超級蔴油」字樣，氣味香醇溫和。另有混合沙拉油調製的一般香油，價格不到純白芝蔴油一半，但品質也算不錯了。

生產馬記小磨香油的齊魯蔴油製造廠，現在僅靠第二代媳婦82歲馬楊美愛與1位60多歲的老師傅生產，早年偏僻的廠址如今鄰近蓋起了大樓，馬家第三代各有發展，第四代尚年輕，馬楊美愛隱約興起退休念頭，只盼年輕一輩能早日接班。

1 在地人的早餐提案

蔥油餅＋大餛飩湯

一九五〇年曾有一批山東鄉親輾轉搭船於基隆三沙灣靠岸抵台，多數落腳在基隆信義區一帶，所帶來的山東麵食文化影響至今，蔥油餅就是深受基隆人喜愛的麵食。基隆蔥油餅約莫掌心大小，包入大量青蔥的麵團捲起後壓扁，先以油鍋煎酥，再入烤箱烤熟。蔥油餅亦可做成蛋餅，即煎顆荷包蛋蓋在餅上，生熟度可任客人指定。吃蔥油餅配大餛飩湯是在地人最愛的吃法，餛飩湯多半會加榨菜、海苔與蔥花提味。

目前最知名的蔥油餅當屬周家豆漿店，但幾年前停售內用餛飩湯，只剩生餛飩供外帶。在市中心的今日早點口碑也不錯，蔥油餅大小與周家相仿，也供應餛飩湯，餛飩咬下肉鮮味十足。至於安瀾橋附近的陳家早點，蔥油餅較迷你，直徑僅6、7公分，強調選用蔥綠比蔥白多的雲林蔥，香氣足，即使放久了也較不易出水，餅皮不至於濕糊；陳家也提供大餛飩湯，吃來同樣味鮮汁豐。

早安！基隆

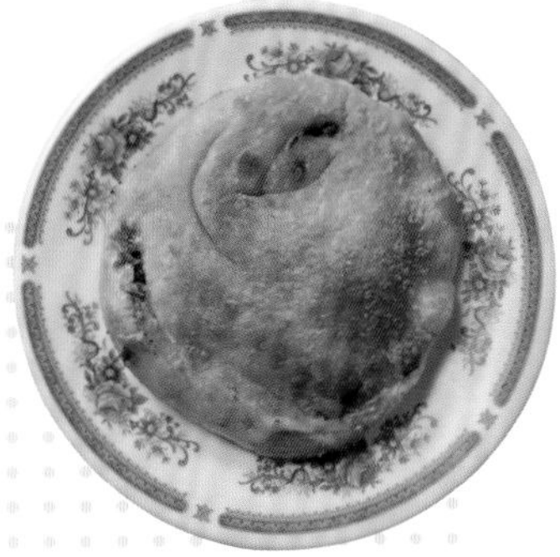

今日早點蔥油餅15元／個，大餛飩湯40元。

陳家早點的蔥油餅8元／個，一口氣吃5個大有人在，餛飩湯40元。

SHOP INFO **陳家早點**
02-2462-7270
04:30-12:30（周一休）
基隆市中正區中正路316號

SHOP INFO **周家豆漿店**
02-2425-9988
04:30-12:30（周一休）
基隆市中正區信二路309號

SHOP INFO **今日早點**
02-2423-5609
05:00-13:00（周二休）
基隆市仁愛區忠三路59號

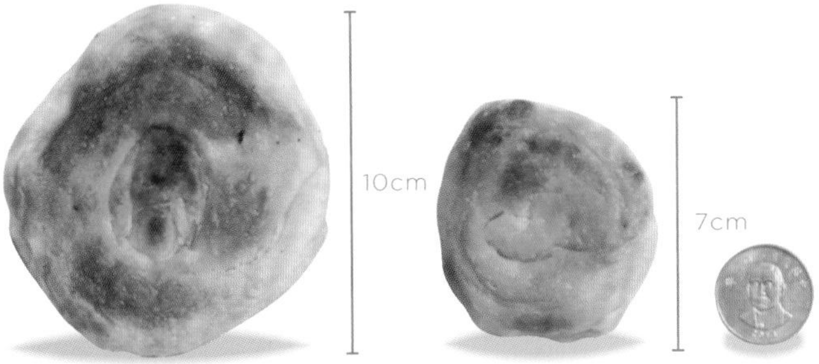

周家蔥油餅　陳家蔥油餅

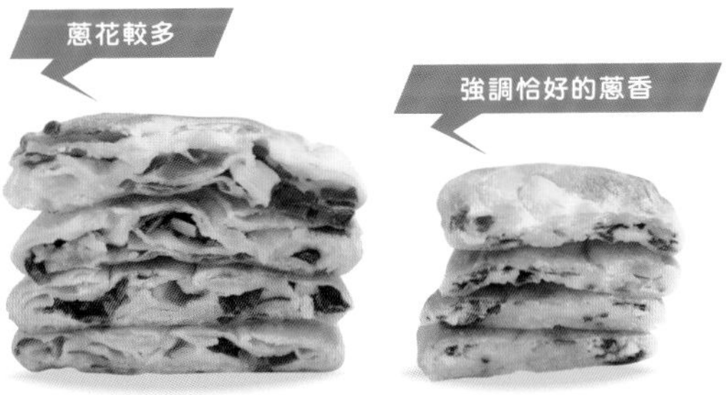

周家蔥油餅　陳家蔥油餅

長腳麵食的乾麵醬料藏在碗底，一拌開，以黑毛豬油煉製的油蔥香撲鼻而來。（乾麵25元、扁食湯30元）

三角窗麵擔的乾麵25元，擔心吃一碗不飽、吃兩碗過飽？這裡還提供「碗半」，即1碗半份量，40元。

阿忠的乾麵油蔥極香，不淋醬油，而是以鹽水提味，特別的是還附2小片肉。（乾麵25元、扁食湯30元）

2 在地人的早餐提案

乾麵＋小扁食湯

基隆幾乎每家麵店都會賣乾麵，使用的一定是廣東仔麵，這種麵條介於陽春麵與意麵之間，出了基隆就看不到。廣東仔麵的由來已不可考，幾位麵攤老闆倒是異口同聲，推測是受到廣東潮汕人影響，或許是早期製麵師傅為廣東人而得名。

基隆乾麵絕不加肉臊，但一定會澆上店家以豬油煉製的油蔥，或淋點調製過的醬油，或以鹽水提味，配料多半僅有豆芽菜。乾麵一上桌，務必趁著熱氣與水氣盡快攪拌開來，原本看似素而無味的麵條，香氣會頓時噴發。薄Q的麵條沾附了油香固然已經夠好吃，基隆人也愛勺匙店家調製的甜辣醬添增風味。

在基隆吃乾麵，「一套」是最基本的，即是乾麵搭配個頭小巧的扁食湯。各家的扁食都是當日現包，皮薄透不爛，肉餡兒鮮美。扁食湯也能加顆半熟蛋包，撈起放在乾麵上戳破，讓麵條拌著蛋汁品嚐更是充滿食趣。

SHOP INFO 長腳麵食
0989-717-019
07:00-22:00（周日休）
基隆市仁愛區孝三路99巷1號

SHOP INFO 阿忠麵店
02-2421-3668
05:30-13:30（周日休）
基隆市仁愛區孝三路79巷4號1樓

SHOP INFO 三角窗麵擔
06:30-15:30（周日、周一休）
基隆市仁愛區孝三路43號1樓

3 在地人的早餐提案

燒邁＋排骨湯

基隆人愛吃燒賣，而且是個頭豪邁的大燒賣，約是港式茶樓燒賣的2、3倍大，店家品名多半會寫為「燒邁」，各個市場幾乎都有販售。這種大燒賣公認起源於有70年歷史的阿本排骨燒賣，創辦

吃到香甜微辣的甜辣醬，就知道是阿本的味道。（燒邁12元/粒＋排骨湯45元）

人是莊份，目前由第三代媳婦張慈怡打理。早年因基隆碼頭工人多，莊份做的這種大燒賣不求精緻，而是訴求呷粗飽與便宜，與港式燒賣內餡含有大量絞肉占比不同，大燒賣運用基隆盛產的鯊魚漿，混入大量刈薯（豆薯），絞肉比例僅約1／20，早期雖是降低成本的做法，卻也因此融入在地風味成為基隆特色。

大燒賣質地軟中帶Q，散發出油蔥和胡椒味，咀嚼時還有刈薯的脆脆口感。大燒賣沾甜辣醬也是一絕，阿本的甜辣醬風味自成一格，是以辣椒醬加番茄醬、清醬油和糖等調製而成，甜度大於辣度，沾燒賣、拌乾麵皆宜。

早餐來兩粒燒賣，再配碗排骨湯是在地人很喜愛的吃法。排骨酥是將排骨加五香粉、胡椒粉等醃漬，採濕粉方式拌入太白粉與魚漿再油炸，烹煮後，麵衣不易脫落，微帶彈性，搭配煮魚丸的原汁湯頭，吃起來相當可口。

個頭豪邁！

基隆特有的大燒邁就是這麼大。

SHOP INFO

阿本排骨燒邁

02-2423-2861

07:00-20:00（周一休）

基隆市仁愛區忠二路63號

烤豬排麵包

豬排三明治

基隆人慣以日語發音マヨネーズ稱呼美乃滋，廟口9號攤位的烤豬排麵包可看到滿滿的マヨネーズ和花生醬。（烤豬排麵包45元、豬排三明治55元、可可牛乳25元）

4

在地人的早餐提案

豬排三明治＋可可

別再說在地人不去廟口了，仁三路廟口眾攤位以服務在地客人居多，一大早即陸續開張，甚至有幾家24小時營業，縱使有些價格被嫌不便宜，但甚少連鎖加盟品牌，整體水準堪稱北台灣最整齊。基隆有幾家炭烤三明治，廟口9號攤位即是在早餐時段營業，最受歡迎的豬排三明治是將3片以炭火烤過的吐司，抹上花生醬，以及基隆人口中的マヨネーズ（mayonezu），也就是美乃滋，再夾入番茄、小黃瓜與炭火加熱的炸豬排，並對切成兩份。店家自行打製的マヨネーズ略帶點甜度，份量雖多，卻能讓整體口感更滑順。吃三明治配上一小瓶可可牛奶，絕對能飽上大半天，建議另可試試採類似熱狗麵包包夾的炸豬排麵包，澱粉質沒那麼多，更能感受マヨネーズ與花生醬結合的美味。

迺早午市 呷最接地氣的市場庶民美食

基隆人口中的大市場是指仁愛市場，33年前改建成目前的博愛與仁愛兩棟大樓，二樓有天橋連接，一樓以生鮮、熟食和雜貨爲主，二樓則是餐飲小吃和百貨、美容居多。經過整頓，仁愛市場已成爲媲美廟口的美食區，攤攤各有特色，即便是自助餐也讓人驚喜，幾乎不會踩雷，「二樓有冷氣」、「有電扶梯」、「洗手間不髒亂」也是讓基隆人讚不絕口的理由。

仁愛市場做的是早午市生意，不少攤位都營業至傍晚，甚至晚上7點才打烊。近年吸引許多年輕職人進駐，更讓市場充滿生命力，日式料理開了好幾家，也有8家咖啡舖，還有炒麵、炒飯、大腸圈等。市場裡能看到深受日本影響的

市場綜合七貫130元，以鮪魚、旗魚為主，份量豪邁，很有庶民風格。

SHOP INFO **漁人**

0916-748-858
10:00-16:00（周四休）
基隆市仁愛市場2樓C76

SHOP INFO **福記小吃**

02-2424-6061
11:00-15:00、16:00-19:00（周三休）
基隆市仁愛市場2樓A35

SHOP INFO **三好甜**

11:30-16:30（周四休）
基隆市仁愛市場2樓B3

漁人豪華12貫590元，包含紅魽、炙燒比目魚鰭邊、干貝、天使蝦、炙燒牛和蔥花鮪魚泥等。

漁人

超新鮮漁獲

以壽司為主的漁人老闆蔡瑋庭半年前進駐仁愛市場，原本和自家兄弟在廟口攤位賣日式料理的他，一度打算到台北發展，「但我覺得基隆囝仔應該留在基隆，剛好看到市場有攤位出租，租金合理，東西也可以賣得便宜一點。」蔡瑋庭笑說，「崁仔頂就在旁邊，補漁貨很方便，一樓有許多魚鮮賣家，隨便走兩步就能買到蔬菜。」省去舟車勞頓的補貨時間，更能專注在料理上。

基隆飲食，生魚飯、ニギリ（握壽司）都有著老派的風格，魚生會先刷上醬汁，年輕職人們在講究品質之際，也懂得不曲高和寡的道理，握壽司份量都很接地氣，大！除了基本的旗魚、鮪魚外，也有炙壽司、搭配起司等較花俏的做法。

氛圍年輕的甜點舖也在市場裡出現了，兩個姊妹經營的甜蒔僅周五至周日營業，主打法式甜品；由3家咖啡館聯手合作的三好甜，除了基本款的生乳酪、提拉米蘇，每日還有限量版甜點，無不吸引買完菜或是修好指甲的婆媽們，有點年紀的大叔們更是喜歡嘗鮮。

市場熱食早先就近供給做生意的菜販、漁人們，即使如今許多人是專程來用餐，店家仍不脫庶民風格，炒飯、炒麵，乃至於壽司不但價格便宜，份量也是有著老闆怕你吃不飽的實在感。雖然有冷氣，即便夏天也不會覺得熱，但畢竟在市場裡頭，各攤位用餐區皆不大，甚至僅有三兩個位子或以外帶為主，尖峰時段得有併桌、耐心排隊的心理準備，也建議自備紙巾會較方便。

福記小吃

最貼心便餐

福記的好，吃過就知道。燴飯、炒飯、烏龍炒麵都有一定的口碑，另有熱炒菜色，縱使用餐時段大排長龍，但甚少有人抱怨，原因就在於老闆林添福、張令君夫妻倆總是親切招呼客人，幫你安排座位、三不五時就告知前面還有幾張單、大概還得等多久。料理人的態度決定食物的溫度，好廚藝加上好服務，即便只是幾十塊的便餐，也讓人享用時心生愉悅。

牛小排濕炒飯110元，強烈推薦必點口味！炒飯已蛋香十足，再澆上搭配芥蘭爆炒的沙茶咖哩牛小排，牛肉鮮嫩夠味，沙茶和咖哩比例恰到好處，芡汁也濃淡得宜，但份量真的不小。

三好甜

限量手作甜點

三好甜由多好咖啡、丸角咖啡和Ruth coffee三家店合作，由於是向熟雞肉舖分租，因此攤位極小，僅能勉強坐3人。這裡提供的是手作甜品，品項不算多，生乳酪、提拉米蘇水準都不錯，每日還有限量版甜點。

肉桂卷85元，鬆軟香甜，帶著迷人的肉桂香，被戲稱比發糕還發，人氣真的很旺，通常一上架沒多久就完售。不少購買者都是路過的伯伯、阿姨，基隆人真的很愛且勇於嘗鮮。

多好配120元，2杯1組，可選擇深焙或淺焙，店家會詢問客人喜好推薦喝法。

多好咖啡

市場裡的清新

當7年級末段班的莊怡安選在市場裡開了多好咖啡，清新的風格彷彿讓整個市場更年輕了。個性開朗的莊怡安對咖啡、飲品自有一套堅持，於是這裡有討喜的花生摩卡、添了甘蔗汁的甘夏拿鐵、日曬耶加雪菲科契爾波笛，也有針對在地喜好的中深焙。逛累了或是呷飽了，不妨來這兒飲杯咖啡，想自己沈澱一下，或是找莊怡安聊聊天都好，如此接地氣的咖啡館，能充分感受生活日常，就如同玻璃上頭貼的字，「來基隆，多好」。

大觀園

老牌鹹湯圓

基隆最知名的老牌鹹湯圓，湯圓皮是純糯米製成，軟嫩得入口輕輕一咬就化了，內餡則是純肉餡，溢出滿滿的肉鮮。基隆人真的有很多套，連吃鹹湯圓也能加盤豬肝腸配對成一套。

1. 豬肝腸30元，只有基隆才吃得到，豬肝與肉餡以約1:3比例灌製。

2. 鹹湯圓50元，湯圓皮軟Q，肉餡鮮醇，湯頭還灑了紅蔥酥提味。

1

2

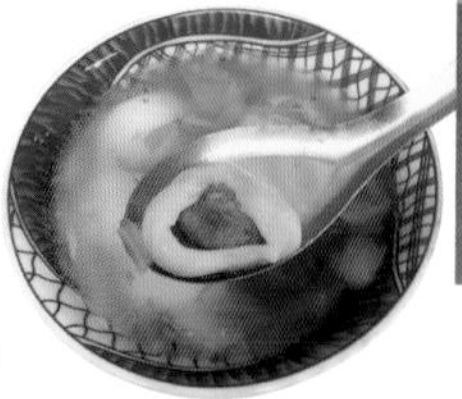

兩全天婦羅

老字號魚漿製品

基隆的天婦羅就是其他地方的甜不辣，主原料為鯊魚漿，混合少許太白粉與調味料，並以花生油油炸，因魚漿純度極高，吃來有著滿滿的鮮味，口感則是軟中微帶Q，絕非坊間加了大量卡德蘭膠的廉價甜不辣可比。兩全算是市場裡的老字號，販售各種魚漿製品，其中又以天婦羅(甜不辣)最出名，除了機器做的甜不辣條，還有手工做的片狀和牛蒡口味，皆是1斤130元，也可購買綜合口味。若想品嚐現炸天婦羅，得算準時間來，店家會在下午3點多現場捏製油炸，但周三則無現場油炸。

下午3點多，兩全會在攤位現炸天婦羅，路過不妨買個50元當零嘴品嚐，絕不會後悔。

SHOP INFO **多好咖啡**

0963-376-397
10:00-18:00(周二、周三休)
基隆市仁愛市場2樓B31

SHOP INFO **大觀園**

02-2428-8158
07:00-19:00(周一休)
基隆市仁愛區仁四路31號

SHOP INFO **兩全天婦羅**

02-2424-4931
07:30-19:00
(農曆初三、十七當周周三休)
基隆市仁愛市場B2棟花台4號

飲咖啡

基隆骨子裡其實是個時髦的城市，雖然今日看起來有點old fashion，但人們對新潮玩意兒接受度很高。早在幾十年前，身爲港口的基隆，透過船員、貿易，委託行裡總有著全台最新的舶來品，喝咖啡這麼時髦的事，也早已成爲基隆人的日常，光是仁愛區一帶就有上百家咖啡館，騎樓下、巷弄裡，無處不是咖啡館。

貓町咖啡老闆曹介彥分析，基隆人愛喝咖啡彷彿天生的基因，早年流行喝深焙豆、虹吸式，老一輩因此偏好味道較濃郁的咖啡，近年開始流行淺焙風格，接受度也逐漸上升，但再新潮或文青的店家，爲了符合在地喜好，也會保留一定比例的深焙豆，像是貓町的基隆山之戀，即是將在地人最愛的曼巴加上瓜地馬拉，烘到二爆，採用KONO式的點滴法，喝來偏黑巧克力、堅果調性，醇厚度佳。

只是基隆咖啡館的店面多半狹小，或許就幾張椅子，無法在燈光美氣氛佳的環境泡上幾小時，因爲對基隆人來說，喝咖啡眞的只是日常一件小事。

4

3

5

貓町咖啡

有食趣的咖啡館

位於離廟口不遠的小巷子裡，老闆曹介彥以攤車賣咖啡起家，店舖不大，以外帶為主，店裡僅7、8個位子，門口則放了張小板凳，店名是因收編流浪貓而來，倒不是一家可逗弄貓咪的咖啡館。

3. 基隆山之戀90元，針對基隆在地喜好設計，屬於深焙，風味相當醇厚。

4. 招牌布丁80元，在咖啡館看到店家自製的布丁務必試試，選用石安牧場雞蛋，混合香草莢、鮮乳、鮮奶油和蘭姆酒製成，蛋香、奶香順口迷人。

5. 吉古堡75元，基隆魚漿三寶之一的炭烤吉古拉，中間插入熱狗，並以丸進辣椒醬調味，讓西式三明治多了在地連結。這般組合頗有食趣，味噌辣醬微辣微甜，結合吉古拉的Q韌與鮮味，讓口感與滋味都更豐富。

6

7

丸角自轉生活咖啡

懷舊情調

基隆委託行商圈曾繁華一時，當初商人在這兒攢了錢、發達了，儘管委託行早已沒落，商人們依舊把這裡視為珍貴的起家厝，或因不缺錢，或因持份複雜，不出租也不出售，商圈店舖大半鐵門深鎖，所幸幾年前柳建名在商圈入口處開了丸角，以舊家具、家飾老件等勾勒出懷舊情調，自家烘焙咖啡也有一定口碑，讓這裡稍見重返榮耀的契機。

6. 咖啡炸彈160元，將裝了濃縮咖啡小杯子投入檸檬氣泡水裡，頓時冒出大量泡沫，充滿了趣味性與視覺效果。

7. 甜不辣香腸三明治150元，選用兩全的甜不辣，搭配金山黑豬肉香腸，淋上丸進辣椒醬提味，是一款充滿基隆在地風情的三明治。

SHOP INFO 貓町咖啡

02-2427-2300
08:00-19:00（不定休）
基隆市仁愛區愛二路54巷12號

SHOP INFO 丸角自轉生活咖啡

12:00-22:00（周一休）
基隆市仁愛區孝二路28號

KEELUNG

知道嗎？基隆人把豬內臟處理得好好吃！

基隆沒養豬，但基隆人卻很會烹調豬，尤其把豬內臟，運用得淋漓盡致。全台只有基隆人把糯米腸稱爲「大腸圈」，讀音類似「大腸摳」，這可是名副其實，因爲幾家業者都使用新鮮豬腸當腸衣，裡頭的糯米不加花生，蒸半熟後拌入油蔥和滷汁等，再灌入腸衣煮熟。

孝三大腸圈老闆娘林玲妃說：「看外觀就知道是用眞正的豬腸，兩端會有腸頭。」至於美味祕訣，「就是新鮮。」她說得一派輕鬆，但光是腸衣就得花大把時間處理，豬腸翻開抹鹽清洗後，撒大把鹽醃幾天去腥，天然腸衣大小不一且厚薄不均，灌入糯米後，若是破了，需以泡軟的鹹草捆起，煮熟後，條條呈現不規則狀。大腸圈切片入口，腸衣一咬就開，口感Q糯。

吃大腸圈，少不了搭配眾多豬雜，豬皮、豬心、肝連、豬肚帶、豬舌、硬管、嘴巴肉、大腸等，都採水煮方式煮至全熟，依各部位特性決定蒸煮時間，豬皮約20分鐘，豬心得煮上1個多小時。豬內臟煮熟後移入蒸籠，靠底鍋滾水蒸氣保溫，基隆人一定會點份豬肺，質地Q脆軟綿，沒有絲毫腥味。貌似豬腸的豬肚帶也稱軟管，其實是豬的食道；硬管也就是脆管，屬於帶軟骨的氣管，這部位的軟骨稍硬一些，品嚐時需注意。

在孝三路巷子口，還有一攤豬肝腸也是全台少見，混合豬肝與肉餡灌製，滋味彷彿燒臘中的燒肝，沾著辣椒醬油品嚐眞是一絕。購買時，老闆娘會詢問人數，想多買一些，老闆娘還會擔心吃不完壞了風味，店家也建議不要覆熱，但我建議買回家稍微烤一下，風味與香氣會更佳。

豬腸在基隆有許多變化，蛋腸即是將蛋汁加些許油灌入腸衣，切小段放入滾水，腸衣遇熱收縮，就像

AMAZING

淺黃色的馬卡龍，在基隆加熱滷味攤、火鍋店都吃得到。而三沙灣一帶，麥克麵線（黃家麵線羹）與三沙灣麵線羹特色都是加了大腸羹，煮透的大腸外層裹上魚漿，比起一般滷大腸，硬是添了鮮味與口感，也是基隆港都獨有的風味。

在西六號碼頭也有家開了20多年小麵店販售套腸湯，老闆郭育玲把5條小腸層層套起，煮熟後搭配頭骨肉湯頭，一碗僅35元。

而七堵的臭粿仔湯，是以大量豬頭骨長時間熬製湯底，在店舖十公尺外即會聞到一股腥臭味，妙得是一踏入騎樓，那股異味便消散了，有人說是因爲膠質釋出的味道，我倒覺得比較類似日本拉麵熬製湯頭的「呼び戻し（召回）」技法，經長時間熬煮，湯頭萃取了豬骨精華，因而產生一股特殊的豬骨韻味，臭嗎？喝起來可是相當醇厚呢。

KEELUNG

大腸圈

基隆孝三大腸圈用的是貨真價實的腸衣，外型不平整，兩端看得到腸頭。

SHOP INFO 基隆孝三大腸圈

0932-258-621
10:00-17:00（周一休）
基隆市仁愛區孝三路99巷3號

豬肺

全台最好吃的豬肺在基隆，處理得極好，水煮時間拿捏得宜，脆彈無異味。

肝腸

SHOP INFO 豬肝腸海鮮店

02-2428-3630
11:00-21:30（周一休）
基隆市仁愛區孝三路65巷7號

豬肝腸每斤240元，吃來帶著燒臘的甘甜味，全台僅基隆吃得到。

AMAZING

大腸羹

SHOP INFO 三沙灣麵線羹

02-2424-0588
07:30-18:00（無休）
基隆市中正區中船路29號

三沙灣麵線羹35元，裹了魚漿的大腸羹，吃來更有口感。

蛋腸

基隆只剩一家業者製作蛋腸，各市場皆有販售，1斤約160至170元。切段煮熟，腸衣一收縮，模樣像極了馬卡龍。

SHOP INFO 七堵臭粿仔湯

02-2456-6740
06:00-14:30（周二休）
基隆市七堵區南興路86號

臭粿仔湯

臭粿仔湯30元，一點也不臭，湯裡的小腸較像點綴。

豬腸

SHOP INFO 西六號碼頭麵店

02-2429-4106
周一休
基隆市中山區中山二路47號

五層豬腸湯35元，一碗5小截，口感富嚼勁。也可做成乾拌小菜，沾點甜辣醬和醬油膏格外對味，50元。

SHOP INFO **三德牛肉店**

02-2427-7208
11:00-21:00（周二休）
基隆市中山區復旦路7號

沙茶咖哩牛肉炒麵是經典口味，通常使用烏龍麵，並加芥蘭菜爆炒，流浪頭過去附近有眾多碼頭工人、造船廠，餐點份量十足。（80元）

正濱漁港的手工炭烤吉古拉現在訂購得等上1、2個月，每包10條130元，現場吃每人1條20元。

1 吉古拉

只有基隆人才會將竹輪稱為吉古拉。因竹輪日語發音為「ちくわ」，在地人講著講著就成了吉古拉。手工製作的吉古拉較薄、質地也較韌，是將鯊魚漿混合少許鹽和麵粉打製，手工裹在鐵棍上再以炭火烤製。小吃店的吉古拉有兩種，薄的是炭烤的手工吉古拉，嚼勁較足；厚一點的則是機器生產，較軟Q。

NG STYLE!

SHOP INFO **涂大的吉古拉**

0921-140-048
08:00-13:00（周一休）
基隆市中正區正濱路27號

豆干包30元，可湯可乾，混合肉鮮魚鮮，是吃巧的小點。

2 豆干包

基隆特有的豆干包和淡水阿給兩者截然不同，是基隆人運用鯊魚漿的特產，三角豆腐填入炒香的肉餡，再以魚漿封口，傳統吃法是煮湯，亦可淋甜辣醬、醬油膏等乾拌。大白鯊魚丸的豆干包肉餡是純瘦肉，先以醬油、蒜頭等炒熟，部分店家則會摻咖哩粉或蔥末等。

SHOP INFO **大白鯊魚丸**

02-2428-3620
24小時營業（無休）
基隆市仁愛區忠二路4號

老師傅滾的元宵顆顆飽滿，一次可滾近百顆。

SHOP INFO **七堵咖哩麵**

02-2456-9281
07:00-18:00（無休）
基隆市七堵區開元路62號

烏龍麵上加一大坨咖哩醬，讓客人自行拌開，價格很佛心，單純的咖哩麵35元，加2塊油豆腐45元。

5 咖哩湯麵

基隆的咖哩除了混合沙茶，市區也常見咖哩炒麵，但多半使用咖哩粉，七堵咖哩麵則是受日本咖哩影響改良，特別的是店家先炒成濃稠的咖哩醬，舀上一大坨直接放在烏龍湯麵上，客人自行攪拌後就成了濃郁湯麵。基隆人吃的烏龍麵，並非那種軟軟QQ的，多半是較有口感，且一咬就斷。

PROFILE **領路人 沈軒毅**

曾任《蘋果日報》美食組長、副刊主任，現為自由撰搞人。愛吃、愛煮、熱愛庶民小食，認為食物的美好來自於人與人的溫度。雖是住在台北的基隆人，卻常回基隆吃早餐，期盼透過這些獨步全台的小吃，探索每一道食物背後的歷史脈絡。現在正與一同奮戰多年的夥伴實踐生活美學，打造「過上好日子」網站。
IG：@spot777

4 沙茶咖哩

沙茶加咖哩，是基隆獨樹一格的滋味，這種吃法是近60年前從仙洞附近流浪頭開始流行的。當初隨著國府撤台，大量廣東汕頭人來到基隆，也帶來了沙茶，跑船的船員則引進了咖哩，一般公認是由廣東汕頭牛肉店林廣省率先結合兩者，後來引起眾多店家仿效，目前復旦路上就有4家沙茶咖哩店，各家都有獨自的配方比例。

咖哩粉結合沙茶，是基隆港都融匯各地移民飲食文化的最佳代表。

KEELU

基隆限定

元宵1盒40顆400元，煮熟後加點酒釀，淋點桂花釀，好吃極了。

SHOP INFO **全家福元宵**

02-2425-0784
16:30-00:00（無休）
基隆市仁愛區愛四路50-1號

3 元宵

基隆全家福的元宵堪稱全台最好吃，只賣芝麻一種口味。糯米粉是店家自行磨漿、瀝乾、絞碎反覆研磨而成，而芝麻餡則是將炒好黑芝麻碾碎，再加豬腹部大油與糖粉攪拌。元宵是用滾的，芝麻餡過水放在大竹篩上，撒上一勺糯米粉，以巧勁搖晃，讓餡兒裹上糯米粉，撈起再過水，放回竹篩再撒糯米粉，反覆3次就成了元宵。除了門市或宅配，全家福在愛四路夜市亦有小攤位。

跑到最南

風味研究室

屏東

文／馮忠恬　攝影／王正毅

Go out！

Part 2.2

屏東是台灣最南端縣市，全區都在北迴歸線以南，是一個幾乎什麼時候去都得穿短袖的熱帶之地。區域內有兩成客家人，萬巒豬腳、花生豆腐、客家蘿蔔粄是在地好味道，樹豆煮排骨湯則是客家人與原住民的愛。屏東內埔是台灣可可的種植地，許多生產者都在實踐from tree to bar的夢想，從種植、發酵到製作，一條龍式的生產百分百台灣巧克力；再往南走，行到滿洲，有全台獨一無二的港口茶，因受海風吹拂，有人笑稱像加了運動飲料的台灣茶，早期是以不發酵的綠茶焙熟，近幾年為了醞釀茶的多元風味，有茶人轉做半發酵茶，屬於內行人才知道的茶款。

回到屏東市，各式小吃林立，歸來肉圓、大腸包小腸、還有近幾年以清新裝潢與講究味道在網路上引起熱潮的美菊麵店，在維持傳統乾麵的風味下，改變食器與用餐環境，提昇小吃用餐的美好經驗，後來又開了美菊麵包店，不過說起麵包，屏東人一定會提到多麥綠，雖是連鎖品牌，多年來用的卻是自家培養天然菌種，是超接地氣，許多人從小吃到大的集體記憶。

屬於咖啡產地的屏東，當然也有精采的咖啡店。從老米倉改建的大和頓物所，別出心裁的建築設計，消融了室內與室外的界線，讓人彷如置身於森林裡喝咖啡（但又不會被蚊子叮被雨淋）。市區內的春若咖啡，在眷村改建的老房子裡，給消費者琳琅滿目的單品咖啡選擇，讓咖啡控不自覺的漾起了開心的笑。

最後，一定要去拜訪屏東隱藏版的釀醬職人——皇理醬油釀造工坊。雖非老品牌，卻是台北美食饕客近年來最喜歡用的醬油，到底他有什麼魅力？

屏東不等於墾丁，從左營高鐵到屏東市區約40分鐘車程。這裡的陽光很好，風很柔和，日子過得悠閒，一起來走走逛。

釀醬人 簡志斌

為什麼醬油會有這些味道？

鮮味的來源！

統稱為大豆，富含豐富蛋白質，經過發酵後會轉化為胺基酸，成就出醬味裡的「鮮」。

茶豆

黃豆

黑豆

因為有它，才有甘味

含有澱粉（碳水化合物），會轉化為葡萄糖，形成醬油的甜味與香味。

小麥

發酵時，用來抑制雜菌

鹽巴能有效抑制雜菌，避免腐敗，也能收斂醬油的味道。

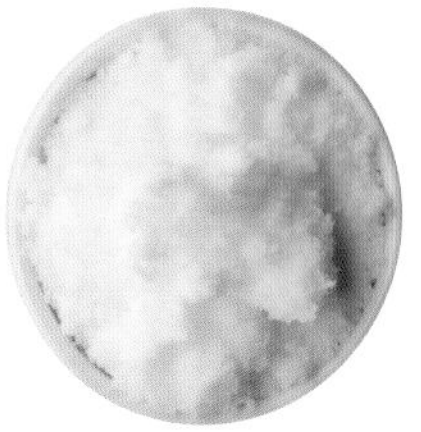
鹽巴

醬油風味研究室

全台唯一！以原料配比與發酵微生物來調味的釀醬職人

1. 濕式發酵的溜醬油。
2. 幾乎每一醬缸，都是不同的原料配比。
3. 醬缸裡的濕式發酵。

如果說發酵依賴的是手感、經驗，簡志斌倒像名科學家，問他釀醬的每個細節，全都有研究的本，有些是國外資料，有些是連續五、六年記錄微生物生長曲線的積累，他用釀酒的路子來釀醬油，以科學的方式，誓言做出醬油「原本的味道」。

一般在釀醬過程結束後，會有個「調味」步驟，除了基本的糖，有些廠家還會添加各種甘味、鮮味劑（請翻開家裡醬油的標籤成分表），自從衛福部規定食品必須如實標示，並將複方依添加量多寡依序展開，許多老廠的祖傳秘方洩了底，那些味道上的好吃，常來自於添加物。

「添加劑就是這樣，加一點就會讓整罐醬油完全不一樣，不過其實，醬

鹽度低

濃口醬油

原料配比

50%茶豆＋50%小麥

風味

鮮鹹甘中帶有一點酸，久煮酸味更明顯

市面上最常見的醬油，一般都只加1-2成的麥，簡志斌提高小麥比例，增加發酵的甘味，未來希望能完全仰賴小麥甘甜，不另行加糖，因此在發酵的控制與小麥的選種上需更加費心。

黑豆醬油

原料配比

100%黑豆

風味

帶有黑豆獨特的鮮香感

大部分的國家多以黃豆為釀醬原料，黑豆釀醬為台灣特色，傳統以乾式發酵，簡志斌以自種的無農藥台南5號黑豆，調整為半乾半濕發酵法，入口鮮美，適合滷製，或在燙青菜時淋一點，帶出蔬菜的甜。

白醬油

原料配比

95%小麥＋5%大豆

風味

味道甘甜，醬味較少

無大豆發酵到底能不能稱為醬油？日本也是近幾年才將白醬油納入醬油系統裡。味道帶甜，很適合當沾醬或做玉子燒，搭配海鮮不搶味。

SHOP INFO **皇珵醬油釀造工坊**

09:00-17:00（週一公休）
08-706-2222
屏東縣萬丹鄉灣內路138巷38號
臉書：皇珵醬油釀造工坊（可宅配訂購）

1

2

油原本的味道並沒有那麼複雜。」簡志斌與太太蘇家秀說，他們不僅不做任何非自然的添加，甚至希望連糖的基本調味都少用，還原醬油的原色本味。就像釀酒時會講究品種、菌種與發酵細節，好的酒釀完後誰還會捨得加糖或香料去改變風味呢？

簡志斌從原料開始，不僅講究大豆品種，以本土茶豆釀造，這幾年更種起了大豆與小麥，當別人以添加劑、糖調整味道，他試著從前端的原料配比發酵出喜歡的醬香，同時當起了酵母爸爸，不僅建造麴室，手上還養了二、三十隻微生物，從乳酸菌到醬油菌，各有功能，想要甜一點？鮮一點？香一點？那就在原料上多加點小麥、大豆或調整微生物的配比。

「加糖的甘味跟小麥發酵後產生的甘味是不一樣的！」簡志斌告訴我們。於是，釀醬這件事對他而言，絕不是找到一款好風味便複製配方、作法，而是不斷研發的現在進行式，從原料來源／品種、材料配比、酵母選擇、微生物比例、使用的時機與份量、到最後要做出什麼樣的醬色，步步是關鍵。

← 鹽度高

溜醬油

原料配比

100%大豆或90%大豆＋10%小麥

風味

味道鮮甜、口感醇厚，尾韻帶出淡淡的苦甘

製作日本味噌時釋出的醬油，數量很少，即使在日本也不容易見到。釀醬時需先讓豆麴結團發酵，拌入的鹽水量也較濃口醬油少，醇厚口感類似台灣的壺底油。其中原料小麥主要用來取代米糠，提供豆麴發酵時的養分。

再仕醬油

原料配比

50%茶豆＋50%小麥（二重釀）

風味

醬香明顯，濃度最高

二次釀造的醬油，以第一次釀造的醬汁取代鹽水續釀，需時2-3年，數量稀有，無加糖調整過。鹹感明顯，同時醬香味最濃。

淡口醬油

原料配比

50%濃口醬油＋50%米麴汁

風味

帶有淡淡酒香

材料內有米麴，帶有米發酵的優雅酒香。鹽份較高，但不另外加糖，而是以米麴汁的甘甜紓緩味覺上的鹹感，煮麵、煮湯時可以取代鹽的角色，讓料理不只鹹味，還有醬香。

1 豬腳

萬巒豬腳聞名全台，豬腳去毛後需先經熱水汆燙、冷水浸泡、急速冷凍、以中藥慢煮後，才能創造出獨特的皮脆肉Q。在地有條豬腳街，每間都有一定水準，這裡介紹兩間在地人的喜歡。

萬泰豬腳大王

以溫體豬來做

是不是常聽到一句話：「這家比較出名，觀光客愛去，不過我們在地人都去這間……」萬泰豬腳便是一間在地人愛去的店，小小一間，別無分號，以溫體豬肉製作，第二代接手後，將原本的藥膳口味改成親切回甘滷汁，在地人來不只吃豬腳，還會點上花生豆腐、薑絲大腸等客家小菜。對了，老闆娘對自家滷豬耳朵可是很驕傲的，軟Q不硬，一定得來一盤！

萬泰豬腳

切成適口大小，膠質豐富，味道甜Q不膩。

2 巧克力

屏東縣政府自2014年將台灣可可視爲重點發展產業，作爲亞洲最北端的可可豆產地，剛好接應上歐美第三波巧克力from bean to bar的工藝浪潮，當全世界大部分巧克力生產者都需自國外進口可可豆時，台灣得以進一步實踐from tree to bar的精神，以巧克力作爲向世界發聲的語言，從2017年開始屢獲國際大獎，也讓台灣的可可力不容忽視。

福灣巧克力

紅到冰島的巧克力莊園

創辦人許華仁，近幾年打入國際巧克力圈，不但獲得ICA世界巧克力大賽亞太區5金2銀1銅的肯定，在2018年的世界巧克力大賽全球總決賽中，也獲得2金5銀2銅，去年編輯去了一趟冰島巧克力名店，對方知道我們從台灣來，立刻說出了福灣巧克力的名，直說自己好喜歡。

3 在地傳統味

美菊麵店

小吃店升級版

想像在一個極簡明亮的清水模環境裡吃著阿嬤口味的乾麵。小麵攤的食物設定，卻在餐具與環境上更講究，親切的價格，讓阿公阿嬤叔叔阿姨也喜歡前來。品項簡單，乾、湯麵、麻醬麵、燙青菜跟現夾滷味。麵條特別選用台南老字號東發製麵，口感極佳，是台灣小吃店的升級版。

SHOP INFO **萬泰豬腳大王**

09:00-18:00(週二休)
08-781-2558(可宅配)
屏東縣萬巒鄉民和路32-1號

SHOP INFO **正宗林家豬腳**

08:00-18:00(週一～周五)、
08:00-19:00(週末)
08-7811-785(可宅配)
屏東縣萬巒鄉民和路1號之4

正宗林家豬腳

半世紀老味道

從原本的小麵攤，滷豬腳只是麵攤旁的小菜，到後來越多越多人特地來買豬腳，成為豬腳專賣店。菜單上也有薑絲大腸、客家小炒、炒粄條等客家料理。

林家豬腳
肉質軟嫩、香料味重，
擁有豐厚的油脂香。

SHOP INFO **福灣巧克力**

09:00-18:00
08-835-1555
屏東東港鎮大鵬路100號

SHOP INFO **曾志元巧克力**

0985-15-227
10:00-17:00
屏東縣內埔村仁和路71號

曾志元巧克力

一戰成名 台灣巧克力黑馬

原是做手工肥皂與客家養生草藥，為了希望能替手工皂找到好油脂，開始了和可可的親密關係。很有研究家精神，原品牌「古漢今健康草本坊」所製作的可可粉，跳脫出屏東可可粉不易融化且酸的特性，喝來爽口養生。後經自己摸索，參加巧克力比賽，於2018年世界巧克力大賽裡獲得金牌，一戰成名，2019年2月成立曾志元巧克力專賣店，少量製作，得先預訂。

SHOP INFO **美菊麵店**

11:00-19:00(週三～週六)
11:00-14:00(週日)
屏東縣屏東市菸廠西巷45號

SHOP INFO **順興港口茶園**

08-880-2696
09:00-17:00
屏東縣滿州鄉茶山路392號

順興港口茶園

海風茶滋味

屏東滿州是台灣港口茶的唯一產區，低緯度的熱帶氣候，加上強烈海風，使港口茶擁有獨特風味。百年來，從福建的武夷種茶樹到現在常見的金萱茶樹，由不發酵茶轉為半發酵茶，苦後回甘，非常耐泡。

1

2

4

咖啡

驛前大和頓物所

這裡，賣的是生活

竹田火車站前的老米倉改建，走進去拿相機的手便停不下來。陽光、落葉、樹木與蕨類，南國才有的氣息與空間。老闆在新竹以傳統產業起家，這幾年希望能做一個面對大眾的品牌，回到故鄉屏東，從咖啡開始。不過，未來賣的不只咖啡，附近還會有民宿落成並開設各種好玩的課，提供A better Life的生活提案。店內甜點都是從新竹不同的嚴選店家而來，以聰明濾杯出杯，在精品咖啡與大眾市場裡找到一個極佳的平衡。

1. 拿鐵：店內的美式、濃縮、拿鐵可選擇以中淺或中深焙的豆子來製作。

2. 咖啡豆巧克力：以哥倫比亞中焙咖啡與法國進口巧克力製作，吃得到咖啡豆的顆粒。

5

私房客家菜

新真珍餐廳

隱藏版店鋪

循著地址到新真珍門口，會以為自己走錯了路。一樓人家的客廳，簡單擺幾張桌子，主人可能還在看新聞或泡茶，推門進來就對了。此為廖家人的客家手路菜，家庭式經營，吸引不少南北饕客特別前來。蘿蔔粄很讓人驚喜，炸肉丸子、客家小炒、花生豆腐都非常好，很像到客家阿嬤家裡吃飯，而且是很會料理的那種。

4

5

4. 蘿蔔粄：新鮮蘿蔔刨絲，裹上雞蛋麵糊，煎成片狀，看起來簡單的一道菜，吃來有股空氣感，澎澎軟軟的，非常喜歡。

5. 客家肉丸湯：以調味的豬絞肉手捏丸子油炸後，加入紅蔥頭一起煮湯。

6. 花生豆腐：客家人傳統的古早味豆腐製法，不以黃豆而以花生為原料，將花生泡水研磨濾渣後，製成花生漿與粉類混合、加熱、降溫、入磨。口感扎實，冷吃、熱吃都適合。

SHOP INFO **驛前大和頓物所**

08-771-2822
09:30-18:00
屏東縣竹田鄉豐明路26號

SHOP INFO **春若精品咖啡**

0968-758-310
09:30-21:30
屏東縣屏東市天津街6號

春若精品咖啡

國內到國外
琳琅滿目的咖啡選擇

老眷村改建的房子，氣質上很像到朋友家作客。刻意放低的吧台，弭平了消費者與吧台手間的距離，牆上以板書寫滿今日提供的咖啡，近30種單品讓咖啡控痴狂，其中還有不少少見的台灣咖啡。店主人在高雄藤枝種植台灣咖啡與原生山茶，除咖啡外，還喝得到以屏東特產香檸製成的香檸蜜飲。

SHOP INFO **新真珍餐廳**

08-796-2229
09:00-20:00
屏東縣高樹鄉高樹村高華商場43號

6

鄉親對不起

平時不與人言的隱藏版店家

Eat like a local

Part 3.1

文字整理／李佳芳　攝影／PJ

台南美食探險,Start!

PROFILE **李豫**

出生台南麻豆，人氣冰淇淋店「蜷尾家」創辦人，曾赴義大利Gelato University習藝，並在安平創立「NINAO Gelato」，擅長融入在地風味與跨界創意，開發冰淇淋的各種可能。喜歡冰淇淋，也愛騎車，騎車是紓壓，也是他發現隱藏老店的方法。

「你知道神明指名的台南早餐店是哪家嗎？」

涼咪咪的前身是冷飲專賣店，很容易想歪的名字其實是神明算出來的，音義雖然詼諧，卻有不容褻瀆的神聖（笑），我大學三年級第一次去涼咪咪，是玩老偉士牌的車友帶我來的，主要是喝他們家的「花生奶」，偶然點了雞絲三明治，一吃驚爲天人，從此成主顧。

涼咪咪是中西合璧的傳統早餐店，老店運用本土料理的想像，用下港古早味的自製食材，以本土整合西式Brunch，很多細節也都毫不遮掩地透出老派台灣生活的痕跡。比方說，點一杯熱的咖啡牛奶，老闆會自動附上湯匙，讓你像喝熱豆漿那樣子喝——誰會想到「拿鐵」是用湯匙喝？在台灣西式飲食的白堊世紀，老台南人就是這麼Chill（秋）！

一定要吃 Must Eat

01. 花生牛乳

咖啡牛乳是高雄涼飲店的招牌，但台南卻是以花生奶稱霸一方。花生奶意即花生牛乳，是老台南才知的專屬冷飲，主要是以當日熬煮的花生加上牛乳打汁，味道頗似愛之味花生牛奶，是涼咪咪招牌的佐餐飲料。

02. 超強雞絲三明治

用的不是向廠商叫貨的燻雞，而是老闆自燙自撕的雞絲，佐上自製的醃黃瓜與甜甜的不知名醬汁，嚴重懷疑老闆是在向雞肉飯致敬。

03. 早餐盤

菜單上的「煎蛋類」其實是早餐盤的概念，靈感可能來自排餐或歐姆蛋，主食為煎肉排加上蛋（可選炒蛋、蔥蛋、蛋餅、散蛋，可就是沒有歐姆蛋），配菜有炒雙色洋蔥、醃黃瓜與酸菜，與Brunch乍看三分像，口味卻完全不一樣。

老闆娘出手放大絕

香酥饅頭

正介紹到一半時，老闆娘默默遞上一份烤饅頭，由於這道點心看來實在太樸素，大家不以為意，抱著加減吃的心態咬一口。「我的老天鵝！」煉乳饅頭是這種味道嗎？皮酥、內軟、餡兒香。最可怕的是，咬了一口、還想再咬一口，完全停不下來，這不是暗黑料理，什麼叫暗黑料理！（為什麼我吃幾十年老闆都沒端出來過，《好吃》一來，它就出現了，哼哼。）

SHOP INFO 涼咪咪早餐店

06-265-2337

6:30-11:30

台南市南區金華路二段21巷1號

每次從東京出差回來，第一個洗塵風的地方必定是這裡（鄉親們歹勢，終於還是洩漏了）其實，在台南賣綜合魚丸的店很多，最有名的像是「永記」與「廣仔」，但我要特別推薦「古早味」，因爲它不只是魚丸湯店，更複合了「飯桌仔」的傳統。

飯桌仔爲供應熟食與熱菜的吃飯攤（也可以理解成自助餐的祖先），主食爲白飯或肉燥飯，但卻有大量菜色可選，像是白菜滷、筍絲、紅糟肉、蝦卷、香腸等，飯桌仔的菜色取決於店老闆，而像古早味的菜檯卻會出現莧菜、紅燒魚、吻仔魚羹、獅子頭等作法較繁複的菜色，光是魚類料理每天都有五種可選。要知道，愛點魚的都是老人家，而老台南人又特別刁，這樣一家小店能被認可爲老字號，案情肯定不單純。

老台南的魚丸湯
料多可不是蓋的！

04

「來飯桌仔吃血路，升級你的台南老資格」

一定要 吃 Must Eat

04. 魚丸湯

台南人簡稱的「魚丸湯」與其他城市有很大差異，那絕不是清湯煮魚丸，而是共有五到六種配料的綜合湯。古早味的綜合湯除了有魚丸、脆腸、魚皮、蝦仁等，最特別的是還有旗魚肉，使用的是帶腥味的「血路」（編註：含肌紅素部份，煮熟後會呈褐色）。在窮苦年代，不是阿舍吃不起旗魚，而酒家不要的次檔部位巧妙成了窮人的盛宴，是台南老店常見的料理智慧。

05. 莧菜

這盤綠綠的玩意兒叫做「莧菜」。莧菜野性強，極易生長，早期路邊田邊到處都是，被認為是窮人菜。自助餐賣莧菜多用清炒，但古早味則是勾芡作法，主要用意是給客人「攪飯用」，可增加扒飯的滑順度。莧菜是炎夏飯桌的恩物，基本上有了這碗，胃口再怎麼不開，也都會被打開。

來飯桌仔吃飯就是……，
一個人也會不小心點了一桌子菜。

05

SHOP INFO 古早味魚丸湯

06-226-8822
06:30-15:00
台南市北區忠義路三段27號

「讓阿豆仔秒懂台灣肉餅的絕招！」

把傳統糕餅店推向精緻化的舊振南，許多人都以爲是來自高雄的品牌，其實舊振南最早發跡於台南，是後來才遷徙到高雄的。俗話說「吃果子拜樹頭」，舊振南決定把旗艦店開在台南，而不是距離總部較近的高雄，也可見台南人老派情誼的可愛。

舊振南台南旗艦店不只是個買餅賣餅的地方，而是結合了下午茶的餐飲服務，特別設計的「迷你漢餅下午茶組合」，把綠豆椪、糕仔、香菇滷肉、棗泥核桃等經典漢餅化爲一口尺寸，透過下午茶的呈現方式，就算是外國人也都可以「秒懂」漢餅文化。

一定要 吃 Must Eat

06. 雪餅

琳琅滿目的迷你漢餅之中，大部分都是忠實原味的呈現方式，唯有一款創意漢餅「雪餅」，使用經典喜餅的改良餅皮、夾入NINAO蜷尾家的義式冰淇淋。雪餅的設計主要是為了讓人感受漢餅與食材組搭的可能性，因此冰淇淋內餡會不定期更換口味，幾乎每次來都會不同。

07. 迷你漢餅下午茶組合

裡頭是各種漢餅的迷你版，有綠豆椪、香菇滷肉、棗泥核桃、紅豆餅、芋頭酥、鴛鴦餅、鳳梨酥、梅子糕、雪餅、杏香酥。讓中式漢餅也能典雅精緻。

07

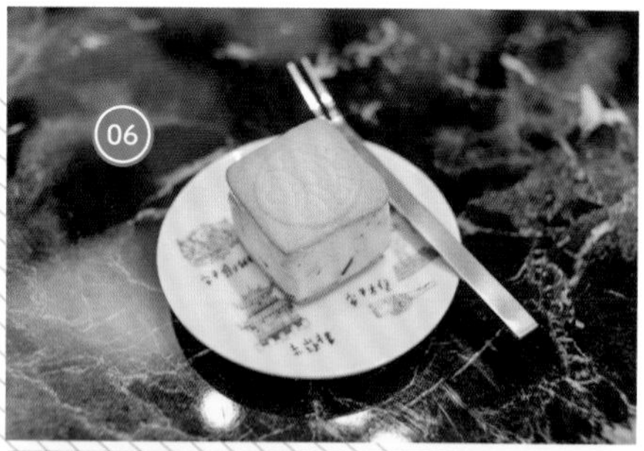
06

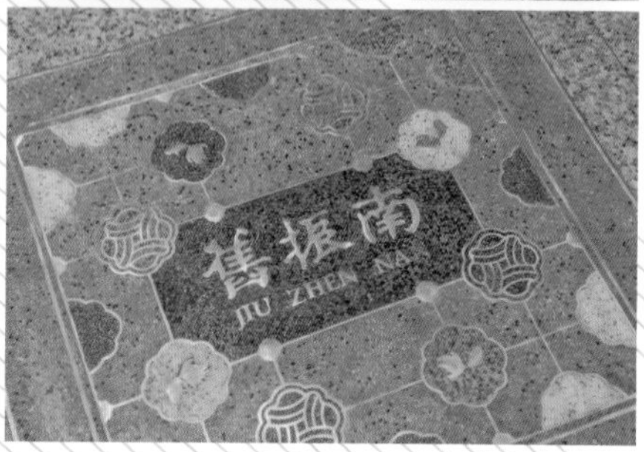

SHOP INFO **舊振南台南旗艦店**

06-238-7666
09:30-21:00
台南市東區林森路二段184號

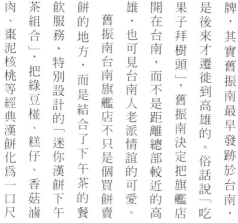

有鑊氣的炒飯！

大台南觀光城是許多外地人，甚至連本地人也不知道的地方。觀光城建於民國72年，曾因商業炒作紅極一時，如今繁華盡褪，許多攤販早已撤離，僅有短短數十公尺的美食街還在。我樂於帶朋友來觀光城吃東西，最主要原因是讓大家感受什麼叫「時代」。

與今日百貨公司的美食街不同，觀光城一點兒也不歡樂時髦。走進老舊昏黃的商街，彷彿被世界遺忘的歲月感，有種好像走進電影場景的感覺。林師炒飯是觀光城的名店，招牌寫著令人難以理解的「專業美式炒飯」，估計是與創始老闆出身美軍俱樂部廚師有關，至於料理本身眞要與美式有關聯的話，可能就是炒飯使用火腿，以及有玉米濃湯、炸魚排、炸豬排等副餐吧？

一定要 吃 Must Eat

08. 炒飯

菜單上的炒飯感覺很多口味，其實也就是蝦仁、火腿、肉絲、蛋幾樣食材的排列組合，林師炒飯用的食材沒什麼特別，不一樣在於老闆掌廚的功力，炒出來的飯帶有俗稱「鑊氣」的焦香鍋子味。

單點炸物只有魚排與豬排兩種，炸魚排看起來一點兒也不美式，外觀看來還很像豬排，且配菜用的不是沙拉，而是台式醃小黃瓜！

「連美國人都不知道的美式炒飯原來在這裡！」

08

SHOP INFO 林師炒飯

06-264-3178

11:00-14:00（週日休）

台南市南區新興路觀光城57號

台南人怎麼可以不知道白糖粿！

09

「不知道這東西，說你是台南人會被笑。」

友愛街在台南的地位猶如台北西門町，早期這裡曾有電影院，商圈十分熱鬧繁華，是台南孩子的青春遊園地，而開在街角的林家白糖粿，據說已經賣了半世紀以上，自然而然也成爲台南小孩的記憶之味。

如果很難懂白糖粿是什麼，不如理解爲「台南人的甜甜圈」，只不過甜甜圈用的是炸麵糰，白糖粿則是炸糯米糊，兩者都是沾糖粉的炸糊甜食，但形狀與口感卻相差甚遠。白糖粿通常是棒狀或麻花狀，口感十分柔軟，帶有一點糯Q，不過人們都說「冷掉的炸物最掃興」，這食物同樣也得起鍋趁熱吃才行。

09. 一組

台南人吃白糖粿一定要點「一組」，也就是蕃薯椪、芋頭餅、白糖粿各來一份！芋頭餅類似喜宴常吃的甜芋頭丸，炸得金黃酥軟表皮包著熱呼呼的芋頭泥，蕃薯椪有點類似地瓜球，不過裡頭卻有花生粉與紅糖餡，兩者都是咬下會燙口的爆漿甜點。

一定要 吃 Must Eat

SHOP INFO 林家白糖粿

12:00-20:00

台南市中西區友愛街213號

白糖粿　蕃薯椪　芋頭餅

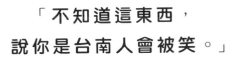

10

11

12

「銅板就能買到彷彿去吃RAW的豪華感」

還記得小學放學的時候都去吃些什麼？圍牆邊推車的阿伯地瓜球，鹽酥雞攤最便宜的甜不辣（十元），書局外擺攤的炸熱狗……這些食物的營養價值不甚高，也談不上文化底蘊，但卻曾帶給你許多美好的回憶。人人心中都有一攤最難忘的炸熱狗，如果你要問我的話，答案肯定是維美雪乳冰。

位在觀光城裡的維美雪乳冰，是一家深受學生喜愛的平價飲食店，賣的食物都是媽媽不喜歡你吃的那些：煮泡麵、炸熱狗、炸甜不辣、雪乳冰，但這裡的食物俗擱大碗，且店裡永遠會有最新一期的JUMP（以前叫《少年快報》），只要花幾個銅板就能消磨許多時間，簡直是把零用錢用到最大化的天堂。

一定要 吃 Must Eat

10. 炸熱狗

我不喜歡炸熱狗要用很粗很大的那種，炸熱狗的精髓就在「麵衣」，比例絕對要大於熱狗，且炸起來要蓬而不鬆帶香氣，最重要的是絕對要搭配顏色紅到不自然的番茄醬，才能夠真正體現它的美味。

11. 雪乳冰

我覺得冰淇淋是令人快樂的食物，每個人必定記得他所吃到的第一支冰淇淋，而雪乳冰（又稱雪淇冰）是台灣早期冰品作法，主要材料是水、糖、奶粉與香料，以現代觀點來看，當然不能稱之為冰淇淋，但卻是我這代人成長階段必定會接觸到的傳統冰品，所以會有種獨特的懷念。台南很多地方都有賣雪乳冰，我最喜歡維美的口味，因為香蕉油加得剛好，不會太過清香，可以搭著紅豆一起吃。

12. 煮泡麵

據說這裡是台南第一家供應煮泡麵的地方，老闆用煮黑輪的湯頭來煮泡麵，滋味是在家用白開水熱泡所無法複製的。還有切記，煮泡麵一定要點「加蛋」，老闆完美控火煮出的半熟蛋黃，是泡麵控追求的境界啊～

SHOP INFO 維美雪乳冰

06-261-3368
09:30-18:00（週日休）
台南市南區大台南觀光城愛區67號

鹽漬曬乾的烏魚腱。

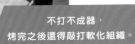

「有聽過海哭的聲音，但有吃過海的味道嗎？」

在國華街上，有個當地人俗稱「茶桌仔」的地方，聚集著許多很有意思的台南小吃。茶桌仔位在中正里活動中心的一樓，早期是老人家泡茶、走棋、小賭的聚所，小地方因為人氣鼎旺，漸漸吸引吃攤聚集，賣些烤香腸、烤大腸、小卷米粉、烤烏魚子等，主要都是下酒下茶的零食。

走進茶桌仔，裡頭有攤叫「阿松古早味」，主要販售自製野生烏魚子（一兩300元），攤車也備有炭火，供應現烤烏魚子，以及相當罕見的「烏魚腱」。所謂烏魚腱即是烏魚的胃囊，鹽漬曬乾成拇指大小保存，直接丟進炭火烤出香氣，就成了極美味的下酒菜。至於烏魚腱是什麼味道？我只能跟你說就是「海」的味道。

以炭火烤的香噴噴，很適合下酒。

不打不成器，烤完之後還得敲打軟化組織。

一定要吃 Must Eat

13. 烤烏魚腱

烤烏魚腱是一種很有戲劇張力的料理，只見老闆夾起烤熟的烏魚腱，用鐵鎚猛敲個好幾下，彷彿有深仇大恨似的！老闆解釋，敲打是為了軟化纖維，所謂不打不成器，不打不好吃，就是這個意思吧？

SHOP INFO **阿松古早味**

06-220-3509
09:00-19:00
台南市中西區國華街三段5號

13

「台南的臭豆腐
硬要推舉出來比賽的話，我選……」

如果要舉辦一場小吃奧運，臭豆腐應該是台南的弱項，就像英雄的阿基里斯腱。說實在，在台南要找好吃的臭豆腐有點難，在我心目中可稱地位的只有兩家，其一就是海安路景福祠牌樓下的「牌樓下臭豆腐」。

吃臭豆腐，我很講求豆腐本身的尺寸，是大塊、方塊、還是豆干，這關係到炸起來的酥度與吃來的口感。牌樓下臭豆腐雖只用一種豆腐，卻分成整塊炸與切塊炸兩種，喜歡濕軟吃整塊炸，喜歡酥脆吃切塊炸，加上老闆自製爽脆泡菜，酸度恰好解膩，一次吃個兩盤不是問題。

14. 臭豆腐

這裡的豆腐分為整塊炸或切塊炸，一個濕軟、一個酥脆，滿足了不同的口感需求。台式泡菜也很經典，搭起來吃絕對是臭豆腐界的王道！

15. 自製辣椒

「一定要加這個！」是的，每個小吃攤永遠都有一瓶隱藏醬料，那就是店老闆用盡心機自製的辣椒，而且端上來後還得神神祕祕地交代一句：「滴兩滴就好」，可是這句話往往適得其反，更加勾起嗜辣者的挑戰慾。確實，滴個幾滴可添增麻香氣味，但真心要說：「它真的很辣，不要滴太多。」

一定要 吃 Must Eat

14

15

SHOP INFO **牌樓下臭豆腐**

0933-346-026
15:30-23:00
台南市中西區海安路二段270巷23-9號

17

16

「這牛肉麵夠可怕，一口就讓你×××」

如果問我山東牛肉麵是什麼味道，我會回答你：「是國小的味道。」我認爲國小年紀是人主動意識與味覺認識的開始，在這個階段裡常去的店家或流行的食物，不論供應的食物天然與否，往往具有啓蒙作用，深刻影響一個人的味覺養成。

我想大概是因爲如此，橫跨九〇年代的山東牛肉麵，才會特別給我一種懷念的感覺吧。台灣的牛肉麵一直在進步，許多名店都十分講究滷製與湯頭，手法或滋味都很豐腴華麗。可是在牛肉麵進化之前，台灣最早版本的牛肉麵可是相當樸素，而山東牛肉麵保存的，除了是這種快要消失的古早味之外，看老闆招呼客人的模樣，也很能感受到老店敬業的態度與人情味。

一定要 吃 Must Eat

16. 牛肉麵

山東牛肉麵湯頭屬於「清爽派」，微微紅燒的湯頭帶著透明感的褐色，味道不油不膩不重，可以喝得到中藥包散發出來的香氣，腱子肉滷得有味，卻不至於入味太深，可以吃到肉的原味。

17. 水餃

對於水餃，我認為重點在於皮，而不是在於餡。山東的水餃不大顆也不飽滿，卻是我認為最恰當的比例，咬下恰好的湯汁，剛剛好襯托出麵皮的香氣。

SHOP INFO 山東牛肉麵

06-250-1211
11:30-20:00
台南市安平區安平路74號

台東

飲食日常：新鮮食材×各種手作

Eat like a local
Part 3.2

文、攝影／津和堂

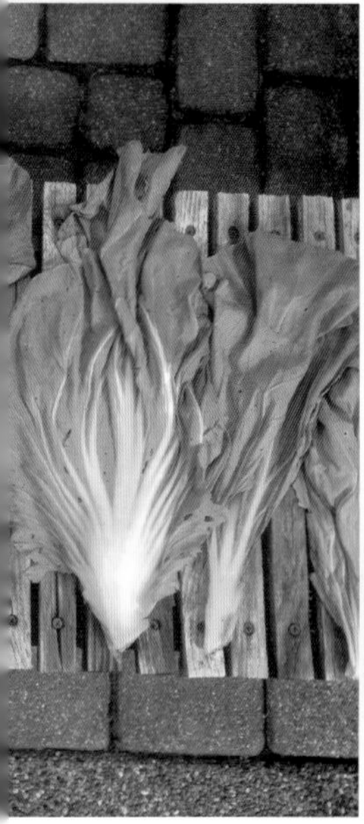

這裡的產地離餐桌很近很近

在巷弄小店用餐，一位家居穿著的少婦，進門就跟老闆娘說：「這是我自己煮的果醬，你吃吃看！還有一些蘿蔔吃不完，下次拿給你喔！」；到在地朋友家坐客，餐桌上常會聽到這是隔壁阿嬤的菜瓜、那是後面大姊的野菜，離開前再送上一大串他們吃怕了的在欉紅香蕉；從住處到車站，短短走上一段，便能知曉現在大家「流行」做什麼，春天是梅子、夏秋蝶豆花，冬天則是蘿蔔和芥菜，路邊、牆上，家家戶戶曬著當季的色彩。

一小瓶鹽，從海邊挑水回家用大灶炒八小時而成，前後要花兩天；一甕臭豆腐，從山上採集野菜製麴，放在甕中醞釀一個禮拜。做麵包從找自然農法的酵母原料開始、做豆腐從復耕有機黃豆開始、製糖則從種甘蔗開始，從無到有的手作食，專心致志的職人精神，在台東特別常見。台東人的餐桌上，也不

1. 正統的布農小米飯不加白米，小米洗淨後直接下大灶拌煮，要煮到形成五次鍋巴後才算完成，口感類似麻糬，配上豬油香氣十足。

2. 台東近年來有許來自島內外的新移民，豐富了台東的飲食，如香港來的好港覺，用心製作連在香港都快消失的港式古早味點心。

3. 十個一封的封仔餅，味道樸實用料單純，紅紙一包，喜氣又環保，是台東人集體的家鄉記憶，也保留了早年生活的足跡。

4. 牛汶水是客家傳統點心，粢粑（客家麻糬）下水煮後泡上糖水，是許多客家後生懷念的兒時滋味，由於做工繁複，現今已越來越少見。

5. 以農為本的台東，家家戶戶曬著隨季節變換的色彩，不同顏色也能看出族群的差異，此為原住民傳統作物紅藜。

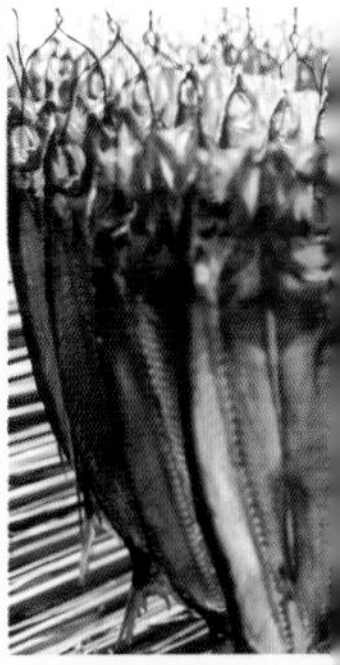

乏朋友間彼此交換的好食，新收的白米、陳年的老蘿蔔、台灣黃豆做的豆腐淋上自釀的醬油、自製的麵包灑上部落來的海鹽，各種天然食材交織成最純粹的美味。

產地離餐桌很近很近，新鮮的食材與各種手作是生活的一部分，留給食物的時間緩慢而美好。好好吃飯，好好生活，是台東的飲食日常，自自然然，具體而微。

PROFILE **津和堂**

創辦人郭麗津與夥伴於2013年在池上的舊旅社空間開始駐地耕耘，展開與地方的各項合作計畫，一群移居、或返鄉的年輕人一起在這裡工作和生活，從池上出發、關注全臺東，也鏈結花蓮區域。主要投入城鄉規劃、社區營造、地方產業培育等工作，近年持續協助縣府推動臺東慢食節，臺東設計中心等相關工作，據點也在2017年轉往臺東市區。津和堂期望匯集不同世代的視野與專長，為花東的地方發展建立新典範。

台東好名物

1 長濱黑糖

阿貴白甘蔗手工純黑糖（長濱大力商號）

089-831-142
0932-661-919（阿貴）
9:00-18:00
台東縣長濱鄉長濱村 4 鄰 2-4 號（長濱鄉公所對面）

在台東，講到黑糖首推長濱阿貴哥的手工黑糖。從小看著父親種甘蔗、煮黑糖，阿貴哥不但繼承了上一代的衣缽，還進一步研發創新，親手打造設備，讓製糖過程更流暢。阿貴的白甘蔗種在東海岸的山上，海風的吹拂養成強壯的甘蔗，糖分十分充足，採收的甘蔗榨汁後，需經柴火熬煮四小時，方能成糖，中間要時時看顧，添柴、降溫、攪拌到推平放涼，全憑多年來的製糖經驗，每個環節都是功夫，煮好的黑糖吃起來又香又甜還略帶一絲鹹，不知是否為海風帶來的韻味。

2 長濱海鹽

永福野店

0930-710-512
預約制
台東縣長濱鄉竹湖村永福 5 號

太平洋是上天給東岸原住民的禮物，海邊的阿美族擅長潛海採集各種食物，除了魚、蝦、貝類、海草，也從海中取鹽，在長濱的永福部落，便有位耆老蔡利木，遵循著古法挑水炒鹽。挑海水有固定的地點，據說那兒的海水特別乾淨，炒出來的鹽才甘美，挑上岸的海水過濾後放入柴燒大灶中，翻炒至少八小時，才能炒出白花花的海鹽。若火候控制得宜，還能炒出如金字塔般的立體鹽花。從挑水到成鹽，至少需兩天時間，耗時費力，炒出來的鹽晶瑩剔透，每粒都彌足珍貴。

credit: 長濱海鹽提供

3 關山愛玉

癡愛玉

0936-257-478
11:00-16:00（周三公休）
台東縣關山鎮中山路 16 號

台灣最常見的愛玉，從小吃到大，但你可知道，愛玉是台灣獨有的植物，並有一半產量來自台東關山？關山月眉的愛玉老農種愛玉種了幾十年，一直賣給外面的商人，直到孩子回鄉後，才開啟了上一代種愛玉，下一代搓愛玉的日子，天然手搓的愛玉吃來特別紮實Q彈，搭配阿嬤獨家鳳梨醬是最單純的美味，搓進咖啡、紅茶，配上啤酒、冰棒別有一番趣味。冬天時煮熱了配上薑汁奶茶，更有意想不到的風味。

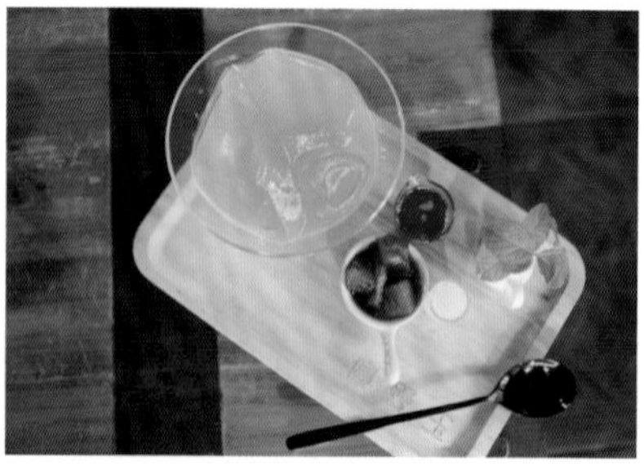

4 池上桑葉茶

曬穀場手作坊

0988-358-005
週一二四五 11:00-20:00/週六日 11:00-20:30（週三公休）
台東縣池上鄉中山路 316-1 號

五、六十年前，池上盛產蠶絲被，到處可見蠶寮和桑樹，如今蠶絲業沒落，僅留下一片滄海桑田。歸鄉的池上子弟潘金英卻沒忘記池上的桑，四處取經、自學，將野桑製成桑茶，採集、洗淨、蒸青、日曬、烘焙，都由家族協力完成，低溫烘焙的桑茶香味獨特、口感溫順，有益人體健康且不含咖啡因。桑葉磨粉後，還可替代抹茶用於烘焙，於是金英又和姐姐冬花一起做出桑葉蛋糕、桃酥餅乾等點心，為池上桑葉找出了另一條新路。

5 自養酵母麵包

麵包山的麵包製作從養酵母開始，五款酵母中，就有三款分別以台東自然農法的小麥、糙米和紫米做起種，續種包含台東小麥、蜂蜜、有機砂糖等，進口麵粉則挑選安全質佳的品項。麵包配料有時是自然農友給的白洛神，有時是部落的砂糖橘，釀酒剩下的酒粕也被放進貝果中。在麵包師惠晴的用心設計下，將酵母、麵粉和在地食材做了最好的搭配，其中又以米種吐司最具代表性，用台東自然農法白米和黑米酵母製作，深受喜愛。

麵包山烘焙坊

0915-812-998（可預訂宅配）
週二至週六14:00-20:00
台東縣關山鎮和平路36號

6 牛汶水

攝影：嚴葳

在台東鄉間，最常聽到的方言是客家話，牛汶水更是大家耳熟能詳的客家點心。把熱熱的客家麻糬（粢粑）泡在糖水中，就像牛在水田裡玩，故名「牛汶水」，也有人稱「落湯匙」、「肚臍粄」。這道傳統點心非常費工，需先將米磨成漿，壓水瀝乾後製成「粄脆」，再將一小塊「粄脆」煮熟後與其他脆粄混和成團，最後分搓成小球，中間輕按出一個凹洞後下大鍋煮，前前後後至少要兩天以上，勞心又勞力，越來越少見。熱呼呼、軟QQ的客家麻糬，搭配上特製的糖水，簡單好吃。

海風咖啡

089-362-032
08:00-18:00
（週六、週日公休）
台東市大同路80號

田味家

089-865-566
冬季15:00-22:00、
夏季11:00-22:00（週四公休）
台東縣池上鄉中山路242號

7 封仔餅

封仔餅可說是台東最具代表性的名物，在縱谷、海岸線和市區，都有超過八十年的製餅老店，一般的麵包店也可看到它的蹤影。渾圓厚實的封仔餅，內餡綿密不甜膩，外皮薄而酥脆，最經典的是綠豆沙、白豆沙，現今也有滷肉、紅豆、芋頭等多種口味。早期台灣各地都有封仔餅，後來西部發展較快，糕餅包裝紛紛換成鐵盒，僅剩台東還保有這種十個一封，包在紅紙裡的糕餅。過去是因生活貧困，延續至今反而成為別具特色的古早味。

協興珍餅店

089-322-732
09:00-21:00
台東市仁愛路84號

8 甘蔗檸檬汁

甘蔗檸檬在台東至少有四十年歷史，甜甜的甘蔗兑上酸酸的檸檬，兩者調和之下，甘蔗不再甜膩，檸檬也不再酸得叫人冒汗，取而代之的是清爽口感，甚是好喝，很受台東人喜愛。問老闆是以什麼樣的黃金比例調出味道？老闆說沒有固定比例，全看季節天候，冬天甘蔗較不甜，檸檬皮厚水分少；夏天甘蔗偏甜，檸檬皮薄水分多，每天調配前都要先榨汁試味道，講起來全憑經驗，靠的是味覺記憶。目前台灣其他地方還沒看過甘蔗檸檬汁，若有機會前來，不妨喝上一杯。

甘蔗檸檬 無名老店

約9:00-20:00，賣完為止
正氣路上，家樂福斜對面，
近中山路那側。

9 阿粨／奇拿富

攝影：嚴葳

阿粨（abai）和奇拿富（cinavu）是原住民的傳統食物，有人說它好比原住民的粽子，台東常見的基本款形狀方長，內用小米或糯米包裹肥嫩多汁的豬肉，再包上一層解膩的甲酸漿葉，最後用月桃葉包覆蒸煮。隨著族群、地域不同，每個部落的用料都有些微差異，大抵而言，阿美族使用較多糯米，布農、排灣、魯凱則使用較多小米，魯凱族還會加上芋頭粉。有人稱之阿粨，有人叫它奇拿富，試問如何區別？說法各異，唯一能肯定的是，都一樣好吃。

拉勞蘭小米工坊（祈納福）

週二至周六 11:30-14:00
089-782-547
台東縣太麻里鄉香蘭村10 鄰21 號

南島咖啡部落廚房（A-bai）

10:00-16:00（週一、二公休）
0921-271-883
台東市豐田里博物館路1 號
（史前博物館2 樓）

10 木鱉果汁

照片提供：七里坡

木鱉果是花東原住民常食用的蔬果之一，阿美族稱為sukuy，卑南族稱之hamunly，常見的吃法是採青果燉湯。根據研究發現，木鱉果茄紅素、胡蘿蔔素、維生素E等成分都比其他蔬果高很多，營養價值極高。台灣大部分地區種植的木鱉果為越南種，台東地區則多為台灣原生種的木鱉果。配合台東農改場推廣木鱉果，在地老字號餐廳「七里坡」著手研發木鱉果料理，在店內可吃到青木鱉果燉雞湯，和熟果打成的木鱉果汁，加入金桔調和後，酸酸甜甜的味道頗受小朋友喜愛。

七里坡紅藜養生料理

11:00-21:00（週三公休）
089-325-777
台東市中正路203 號

11 旗魚鬆

照片提供：旗遇海味

黑潮猶如太平洋的藏寶盒，為台東成功帶來豐富漁產和肥美的旗魚。傳統的鏢旗魚文化，更展現討海人面對大自然的堅毅，以及對海的尊敬。鏢旗魚對魚傷害較小，魚肉品質相對較高，通常價格也較好，漁港旁的「旗遇海味」，便是間以尋找優質旗魚為目標的餐廳，老闆林昱濱從小看著父親在漁港忙碌，對魚瞭若執掌，懂得選魚眉角，更知道如何將魚做最好的烹調。店內伴手禮旗魚鬆，堅持單一魚種，用當天現撈的黑皮旗魚製作，以呈現魚肉單純原味。

旗遇海味

11:00-20:00（15:00-17:00 僅供應下午茶）
089-852-889
台東縣成功鎮新港區漁會大樓
（停車場旁）

12 紅藜棒

照片提供：DJULIS德朱利斯

紅藜是花東原住民長久以來的傳統作物，也是製作小米酒不可或缺的介質，高含量的蛋白質、膳食纖維和鈣質，讓紅藜獲得穀物紅寶石的美譽，也在島內掀起一陣熱潮。一般紅藜的吃法是與其他穀物一起煮熟當飯吃，為了讓紅藜的食用更方便，台東農家子弟謝雅雯將紅藜融入各式食品中，研發出紅藜棒、紅藜洛神酥、紅藜牛軋糖等伴手禮，營養健康，極具台東特色。

DJULIS德朱利斯

周一～周六 09:00-18:00
089-325-989
台東市中華路一段92號

13 手擀麵

顧名思義，大陸婆婆麵食館的靈魂人物是山西來的杏花婆婆，從小吃麵食長大的她，善於製作各種麵點，對家鄉那又酸又辣的山西味兒念念不忘。隨阿美族先生來台東時，她帶上了一支擀麵棍，心想只要有擀麵棍，到哪兒都不怕餓。從此，對家的鄉愁就透過擀麵棍，擀成了包子、饅頭和麵條，化做餐桌上的佳餚。婆婆手擀的麵條Q彈有勁，吃來特別過癮，配上大盤雞湯、酸辣湯、油潑醬等各種山西味，令人回味無窮。

大陸婆婆麵食館

11:00-14:00、17:00-20:00
（周一、周二公休）
089-862-970
台東縣池上鄉慶福路27號

---

14 鳳梨乾

台東鹿野一帶盛產鳳梨，除了新鮮鳳梨，鳳梨酵素、鳳梨乾、鳳梨汁都是常見的農加工品，其中又以鳳梨乾最多。每位農友製作鳳梨乾的方式各異：柴燒的、烘烤的、日曬的、低溫乾燥的，呈現出不同的口感與滋味。阿榮的柴燒鳳梨乾在台東頗具名氣，自然農法鳳梨，製成味道鮮甜的果乾，還帶有柴燒的香氣，別有一番風味。除此之外，店內也寄賣許多友善環境農友的產品和自家的茶，地方手工達人的陶製品、日用品、明信片等也陳列在側，是名符其實的柑仔店。

阿榮柑仔店

約8:00-20:00
0910-176-827
台東縣鹿野鄉龍田村光榮路163號

---

15 臭豆腐

照片提供：問臭

台東有不少好吃的炸臭豆腐，市區林家、池上福原和關山臭豆腐都是耳熟能詳的名店。在東河鄉間，還有間默默努力的小店，專門製作味道濃郁的懷石臭豆腐料理。傳承了臭豆腐發酵古法，採集野莧菜做為酵素，選用台東有機板豆腐，經七天六夜低溫發酵釀成。老闆在小小的古屋中盡情揮灑玩臭，發展出一道又一道精緻的臭料理：臭麵包、臭豆腐生魚片、臭義大利麵、焗烤臭豆腐、臭蛋糕，無不將臭的韻味做最好的演繹。

問臭

預約制
無，請於FB私訊預約
台東東河 興昌村37號（台11線142K南下方向）

---

16 豆製品

池上山間的一畝田，群山圍繞、遺世獨立，田間有各種生物的足跡，草也快比人長，這是豆腐哥的其中一塊豆稻輪作田，2015年他來到池上，希望在東部推廣無毒黃豆復耕，找幾個農友合作，也自己親自栽種。豆腐哥不是農夫，而是一位豆腐師傅，如此費心努力，是因為堅持使用台灣黃豆做豆腐，池上豆屋是他實踐理念的社區豆腐坊，使用台灣黃豆、台灣鹽滷製作的豆腐和豆製品，豆香特別濃郁、口感綿厚，搭配各種佐料，就是一套豐盛的豆腐全餐。

豆芳華（池上．豆屋）

預約制
089-863-781
0980-704-989
台東縣池上鄉萬安村4鄰23號

不去後山太可惜了

族群交流
型塑出西部少見的飲食特色

專屬於台東的緩慢感

台東，所謂的後山，地理上的「孤立」和交通上的「遙遠」，使她與主流社會保持了一段距離，多元的原民文化則爲她增添了獨特的色彩。台東三分之一人口中，包含了阿美、布農、卑南、排灣、魯凱、達悟等六族，每個族群各有文化，也許某些食物相似，卻又隨著地域和歷史脈絡而不同，他們爲台東飲食添上了繽紛可口的色彩。艷紅的紅藜、鮮黃的小米、亮橘的木鱉果和七彩的樹豆，襯上各種青翠的野菜，這些原住民的傳統作物，是大自然賜與台東的寶藏，也是形塑台東飲食特色的要角，在部落婦女的巧手下，化身成阿粨（abai）、奇拿富（cinavu）、杜侖（dulun）、山地飯（pinuljacengan）、血腸、炒蝸牛、小米露和各式野菜湯，每道佳餚對台東人而言都不陌生，甚至是日常生活的一部分。

族群間的交流，也讓台東飲食有不少趣味，在客家媽媽的餐廳裡會看到原住民的阿粨，一樣的月桃葉、甲酸漿葉和糯米混小米，餡料卻是香菇、菜脯、瘦肉、油蔥酥，像極了漢人的粽子。研發這款客味阿粨的傳姐，恰恰就住在部落旁，常有原住民採野菜給她。另一邊布農部落的阿嬤家，在院子裡聞到梅干菜飄香，阿嬤不僅在阿粨裡包了客家梅干扣肉，漢人常吃的年糕她也會，除了紅豆和黑糖，還多了樹豆口味。其實布農族是沒有阿粨的，原來是阿嬤認識了卑南族、閩南和客家好姊妹交流後的產物。

1. 台東二次移民的客家人，發展出有別於西部的客家擂茶飯。
2. 阿粨和奇拿富是原住民的傳統美食，隨地域和族群的差別，各有特色。
3. 同樣是小米酒，依小米品種和作法，展現出不同風味，台東某些部落裡有小米酒比賽，延續神聖的製酒傳統。

長濱阿美族耆老蔡利木堅持保留傳統炒鹽古法。

菜餚的交融反映出文化的交流，另一種土地與人的交流也反映在食物中。台灣近年來有許多島內外的新移民移居至此，在追求理想生活的同時，也帶入新的飲食文化或觀念，其間最大的共同點，就是對環境友善、選擇在地好食材的堅持，以及願意爲食物付出的愛與耐心。

不少外國朋友與在地食材擦出火花，比如香港來的夫妻，利用台灣糯米做出味道更好的傳統點心缽仔糕。加拿大人與阿美族妻子研發出蝸牛披薩，法國的傳統鹹派中則出現了剝皮辣椒……家鄉的傳統味道，因融入在地食材而展現出台東風味。

除此之外，還有一群職人和廚人，專心致志追求極致的美味、極致的純粹，或守護著祖先的傳統。其中最動人的，莫過於長濱阿美族部落裡的耆老，年過花甲，卻還堅持著從海邊挑水，柴燒大灶，將海水煮成鹽，前後兩天不眠不休，爲的是保留祖先的古法。不遠處的山坡上，則有一位年輕廚師，放棄法國米其林餐廳的工作，自己種菜又四處尋訪，將台東食材涓滴化做精緻的法式料理，希望盡一己之力，回饋他熱愛的土地。類似的故事並非海邊獨有，在縱谷山林間、市區巷弄中，在南方的部落裡，都有追求極致的人們默默耕耘著。

原住民也好、新移民也好，「緩慢」是這些人共同的特性，「互助」則是他們的習慣。我提供好米給你養麴，你做成了麵包再送我吃；我家的椒麻醬配你家的豆腐——天造地設的美味；快失傳的酒麴製作，不分原漢，一起研究，更別說是農產和手作食的頻繁交換了，於是一頓家常菜，集結了各種天然美味，蘊藏了美好的交換關係，以及緩慢的真諦。

從山西來到池上的大陸婆婆楊杏花，手擀麵條保留家鄉的味道。

大餐！

阿美族的採集學

到花蓮，記得吃野菜！

文／石傑方　攝影／陳家偉、馮忠恬

野莧菜

幾乎全年都有，莖葉花果均可食，採集時只摘取要吃的部位，下雨過後很快又會生長回來。與自然共生，確保糧食不致短缺，是原住民的古老智慧。

龍葵

阿美族最愛的野菜之一，閩南語稱「黑豬仔菜」，經歷過刻苦年代的台灣人都不陌生。冬季的口感最佳，汆燙後沾鹽或醬油，或者加入小魚乾煮湯都是常見吃法。

赤道櫻草

自日本引進的可食用植物，又名「活力菜」，秋季開出的淡紫色小花十分好看。一般只吃嫩葉，風味與龍葵相近。

昭和草

繁殖力和環境適應能力強，幾乎本島各地均可見其蹤影，口感與茼蒿相似，採食其嫩莖與葉煮湯、清炒或涼拌都好吃。

鵝菜

也叫鵝仔菜，有分一般跟紅骨。除了做野菜炒食，也有清涼退火、消腫、解熱的功效，可以煮來當開水喝。

紫背草

全株粉綠色，莖葉背光部位帶紫紅色，連花蕾也可食用，滋味苦中帶甘，不愛吃苦的人可以先用沸水汆燙後再做調味。

鵝兒腸

以前農家常用山林野菜做為家禽家畜的飼料，因此出現如鵝兒腸、兔兒菜這類名稱。春天的鵝兒腸滋味最佳，12月至3月是最適合的採集季節。

小葉灰藋

食材與藥材往往只有一線之隔，小葉灰藋的嫩苗和嫩葉口感討喜，兼有甘涼的藥性，清熱去濕，是很受歡迎的鄉間野味。

籐心

和籐條同樣植物的嫩芽心，是阿美族的傳統食物，只要將外皮的硬殼去除，切段即可滾排骨或雞肉，辦桌宴客幾乎一定會有這道菜，帶有苦味，口感細緻，久煮甚至會帶有綿密感。

山苦瓜

個頭嬌小，小顆的有如橄欖，大型的長度像小黃瓜，汆燙後再做調理可減低苦味，沾鹽巴吃也可以帶出甘甜。成熟轉紅的山苦瓜帶有毒性，須留意不可食用。

木鱉子

台灣原生植物，原住民的夏季野菜。削皮後，切成一片片炒肉絲、蒜頭，或先略微炒熟後，加水煮成大鍋菜湯。INA說（阿美族的阿姨）：「如果籽不硬，就不用挖除，一起吃下去就對了！」

車輪苦瓜

據説因原住民愛吃，帶動花蓮地區的漢人也開始食用。味道比一般的山苦瓜還苦，苦後回甘，煮湯、汆燙加醬油是最尋常的吃法，有人也會裹粉油炸，不怕吃苦者，一定要挑戰看看！

行到花蓮，除了扁食、剝皮辣椒、麻糬外，怎麼能不試試野菜？
野菜之於花蓮，早已是全民食物。
傳統市場裡，漢人、客家人的餐桌上，不時都會見到它們的蹤跡，
不過若提起吃的種類與採集，當然還是阿美族最懂！

鳳尾蕨

口感與同屬蕨類的過貓相似，吃其幼芽及嫩葉，汆燙涼拌或清炒都好味。被資深的原住民視為滋補的健康菜。

小洋蔥

阿美族語「Kenaw」，或稱玻璃珠。傳統吃法是沾著醬油或鹽水直接配飯生吃，也適合搭配烤香腸、醃豬肉等肉料理，是原住民預防感冒、殺菌的好食材。

蕗蕎

原住民的辛味食材，味道介於大蒜和韭菜之間，細長嫩葉與白色部位的鱗莖都可以吃，生食開胃，也可以熱炒、醋漬或鹽醃，用途廣泛。

細葉碎米薺

俗名芥末菜，生吃帶有芥末香氣，洗淨沾點醬油、鹽巴即可食用。若加熱煮熟可將辛味轉化為獨特的香氣，非常下飯。

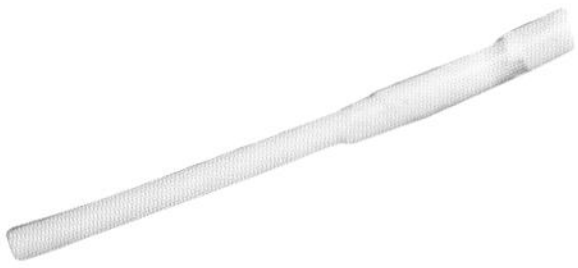

牧草心

狼尾草的嫩莖心，口感像蘆筍清甜不帶苦味，含有豐富的纖維素，煮食之外也可以榨汁，是人氣很旺的健康野菜。

蒲公英葉

與昭和草同為菊科植物，整株都可食用，嫩葉與苗適合做沙拉、拌炒，或者剁碎做成水餃餡；若火氣大，也可將根部曬乾泡水喝，據說有紓緩的效果。

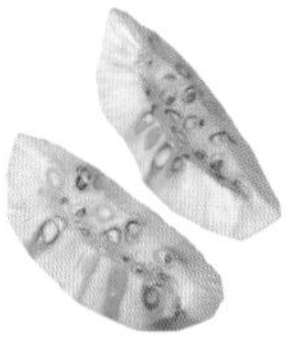

麵包果

麵包樹的果實，每年的6-8月才有。以前阿美族每戶人家都種有一顆麵包樹，只要將外皮與果核剝除，加點小魚乾煮湯即可。味道香甜，但處理過程得小心黏手。

八月豆

農曆八月開始盛產，是部落常見的夏季蔬菜，依據生長階段有不同吃法，鮮嫩的豆莢用來曬乾，熟度正好適合清炒，完全成熟的可取豆仁煮食。

飛魚乾

每年的4到6月才有，稍微烤熱（也可以微波加熱），擠點檸檬汁，灑上胡椒鹽就很美味。或是直接炒三杯、和野菜一起煮湯。

喜烙silaw（醃生豬肉）

以生豬肉加鹽與米酒醃漬，時間越久越美味，可生吃配飯、簡單烤一下、或加蒜苗炒食，就是一道超級道地的原住民美食。

醃製小辣椒

阿美族幾乎不可一日無辣，尤最愛此種小鳥椒。小鳥椒常沾著鹽巴一起吃，或洗淨陰乾去蒂後，加鹽巴與米酒做成保存食。

雨來菇（情人的眼淚）

下雨過後在草皮、泥土、屋頂上出現的雨木耳，又稱雨來菇，情人的眼淚是餐廳業者取的名。有些原住民會開玩笑地說：「這是雨中的大便啦！」但可別小看他，和蛋一起煎，美味十足。

阿美族的十菜一湯！

文／石傑方　攝影／陳家偉、林志潭

如果有機會到阿美族朋友家裡吃飯，可別錯過他們豐盛的「十菜一湯」，但若見到桌上只有一鍋湯可別疑惑，因爲那鍋湯裡藏著十種野菜，是阿美族最喜歡的「野菜湯」。

從小在花蓮壽豐部落裡長大的野菜達人、阿美族作家吳雪月說，擅長捕魚和採集的阿美族人平均認識60～80種野菜，經過訓練可以分辨超過200種，小時候家裡要做飯，就到鄉間小路走一圈，回來時手上便多了十幾樣野菜。山林野地就是阿美族的冰箱，從球根、嫩莖、葉片，到花苞、果實、野藻、山蕨，要吃什麼隨手便是，她爽朗地笑

阿美族人普遍認識60～80種野菜，採到什麼就吃什麼，是阿美族重要的採集精神。

說：「一直到上了初中集體合宿，我才知道原來菜要用買的。」

早年資深的阿美族人，可以從野菜食用的種類和調味方式，看出對方的身分。就拿原住民經常採食的「糯米糰」來說，吳雪月說這在布農族和魯凱族的餐桌上很常見，但是「阿美族可以吃的野菜太多了，根本輪不到糯米糰！」而在飲食習慣上，老一輩或住在偏遠部落的族人，善用簡單的鹽巴調味，若是看到沾醬油吃的，多半是在都會區長大的年輕人。

大自然的智慧讓多數野菜天生帶有獨特的苦味，吃慣了城市裡馴化的蔬菜，初嚐野菜的人往往會被那股狂放濃烈的氣味震懾。不過笑稱習慣「吃苦」的阿美族，就愛苦澀盡釋後悠然綻開的回甘，許多年輕族人離開部落到外地生活，還會特地打電話拜託家人幫忙宅配。野菜的魅力對他們而言，與其說是代代相傳的謀生智慧，不如說是縈繞在舌尖心扉，朝思暮想，不可一日缺少的家鄉味。

阿美族的野菜哪裡買？

吉安黃昏市場－邦查野菜街區

在花蓮的一般早市，其實都有野菜攤位，但在吉安黃昏市場裡，則有一區規劃為「邦查野菜街區」。別小看只有七、八攤，幾乎所有當季的野菜或傳統漬物都可以找得到！充滿了各種平常在西部沒見過的食材，一個攤位就足以讓人逗留許多。來這裡千萬別害羞，問老闆就對了，他們熟知各種食材的料理與吃法。

阿美族稱自己為「邦查」(pangcha)，慣常聽到的Amis其實是南方卑南族對他們的稱呼，有北方之意。

小知識 知 Must Know

野菜湯常是採到什麼就把他丟下去煮。耐煮的先放，葉菜類慢放，也可加一點沙拉油潤滑，降低苦澀感。

雨來菇單吃有澀感，卻很適合和雞蛋一起煮。蛋液同沙拉油一樣有潤滑效果，炒出來口感很好。清洗小秘訣：因長在草地上，不易洗淨，可先用熱水汆燙，再以冷水沖個幾次，吃來就不易有沙沙感了。

跟著去採集！

隨著吳雪月的腳步來到她的小農園，放眼望去野草漫生，但看在她的眼裡各個都是寶貝。「這個黃籐心，是原住民著名的十心菜材料之一；那個細葉碎米薺，直接吃帶有芥末味。」他一面撥開重重草叢一面介紹，幫我們這群城市鄉巴佬上了一堂野外食材課。

阿美族傳統煮食野菜的方法很簡單，經常是把所有材料先後丟進湯鍋煮成大鍋菜，後來也加入了清炒的技巧。透過加熱軟化植物的纖維，同時降低辛辣和苦澀感。味道比山苦瓜還苦的車輪苦瓜，讓許多不熟悉原住民食物的人吃了皺眉，但老人家教我們，曬過之後再煮茶，不僅不苦還甘潤生津，他們形容說「太陽把苦吃掉了」。

PROFILE **吳雪月**

南勢阿美族人，中校退役，朋友間暱稱她「教官」。鑽研原住民野菜文化超過二十年，為了將逐漸消失的傳統飲食找回來，四處走訪部落耆老進行保種復育計畫。目前在她的農場裡已有近四十種原住民特色作物。

細葉碎米薺

野菜歲時曆

紅藜

月份				
12月 1月 2月	龍葵tatokem	樹豆	艾草	
	葛鬱金	細葉碎米薺	小洋蔥	
	樹薯	小葉灰藋	番杏	
	鵝兒腸	赤道櫻草	鵲豆	

小洋蔥

月份				
3月 4月 5月	野莧	朝天椒	紫背草	
	水芹菜	火炭母草	米豆	
	秋葵	昭和草	苧麻	
	假人蔘	山茼苣samah	木鱉子	蕗蕎

黑豆

月份			
6月 7月 8月	地瓜葉	腎蕨	黃麻嬰
	刺莧cihing	三角柱	輪胎苦瓜
	豇豆		
	黃籐心	黑豆	米豆

地瓜葉

月份			
9月 10月 11月	翼豆fadas	高粱	過溝菜蕨
	山苦瓜	龍鬚菜	芋頭
	赤小豆	小米	糯米糰
	羅氏鹽膚木		

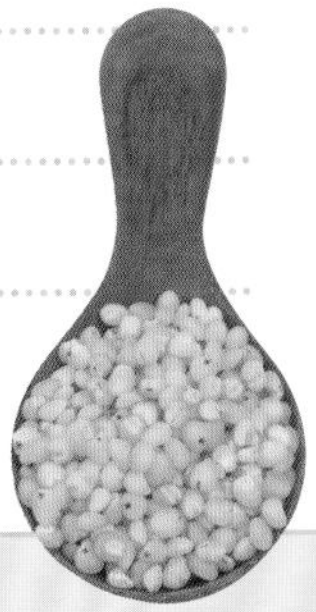
高粱

翼豆

Eat like a local

Part 3.4

跟著行家 逛全台最神祕市場！

來台中東協廣場，就像去四個不同國家

文／胖胖樹（王瑞閔）攝影／王正毅

東協廣場

原台中第一廣場。90年代初期，曾是百貨公司、流行文化聚集地；1996年台中政府將七期規劃為新市政中心，商業中心西移而逐漸沒落。2000年開始有東南亞小吃店進駐，成為聚集經濟。2010年2樓成立東南亞購物美食廣場。2016年配合新南向政策，正式定名為東協廣場。大樓本身即其周邊，超過八百間店，1樓外圍有攤位與食材/雜貨鋪、2樓3C用品、3樓美食街，為台中的小東南亞。

從此我對於東南亞的飲食印象不再只有印尼沙嗲、越南河粉、泰式烤香腸與菲律賓炸香蕉。藉由不斷地嚐鮮、不斷地查單字，透過嗅覺、味覺、聽覺、視覺，累積一次又一次的東協廣場微旅行經驗，彷彿漫遊了四個國家。

越南

越南國土狹長，可區分北中南三大菜系，特色是使用大量新鮮的香草。北方受中國影響最深，料理重鹹，喝茶，也吃狗肉；中部是最後王朝阮朝的國都，走宮廷風，調味與用料豐富多彩，小配菜多，鹹辣並重；南部受中南半島其他國家影響最深，口味偏酸辣，普遍使用椰奶、薑黃，並且受法國殖民影響，留下了法國麵包三明治、煉乳咖啡等特色小吃。

泰國

泰國菜可分東北、北部、南部、中部四大菜系。東北菜受寮國影響，善用檸檬汁，且有吃蟲的文化。料理主要口味是酸、辣、甜，不喜歡油膩。北部受緬甸影響，重鹹、重酸、重辣，喜歡油炸的料理方式。南方臨海，以新鮮海產與果肉入菜是特色。中部是泰國歷代首都所在，受潮州菜影響深。知名的打拋豬、東炎湯、泰式炒粿條都是中部特色料理。總的來說，泰式料理講求酸、辣、鹹、甜、苦五味平衡，通常使用新鮮香料，鮮少使用乾香料。

印尼

印尼有手抓食傳統，因伊斯蘭信仰緣故，除了峇里島外，幾乎不吃豬肉。領土由一萬多個大、小島嶼組成，各地料理有其不同特色，通常是炸、火烤、烘烤、炒、煮、蒸。因使用複雜且多層次的香料，使其料理顏色較深，而這也是印尼菜最明顯的表現。印尼天貝、中國豆腐、日本納豆並列世界三大豆類食品，是印尼料理中十分常見的食材，沒吃過天貝就等於沒吃過印尼料理。

菲律賓

菲律賓料理主要可分成呂宋、比薩揚、民答那峨三大菜系，主食米飯，雞、豬、牛、魚、海鮮都吃，也愛豬內臟，乍看跟台灣的料理差不多。不過，受西方文化影響而使用刀叉與湯匙，不用筷子或手抓，特色是將大量熱帶水果入菜，口味是鹹中帶酸甜，喜歡金桔與青芒果的酸味更甚於羅望子，炸香蕉與紫山藥是常見甜點。此外，胭脂樹紅是菲律賓所使用的特色香料，鹹食與甜點都會加，若看到菲律賓食物呈橘紅色，通常便是加了胭脂樹紅。

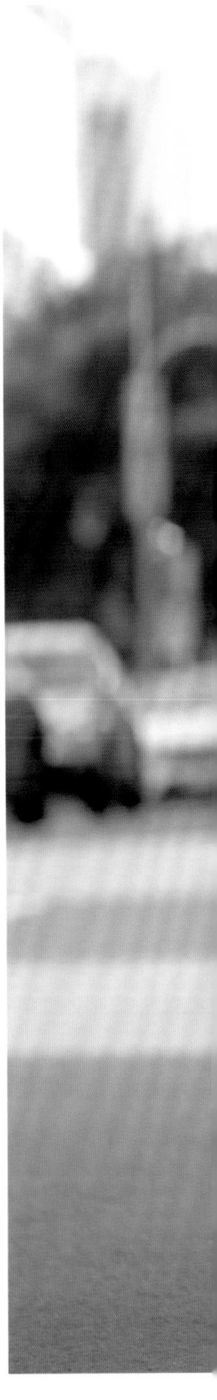

PROFILE **領路人 胖胖樹（王瑞閔）**

作家、插畫家暨熱帶雨林植物愛好者。從研究植物到品嚐植物，走逛全台最大東南亞食材、餐廳、雜貨鋪聚集地─「東協廣場」超過500次。從孩提至今，夢想打造一座熱帶雨林植物園。2018年完成第一本著作《看不見的雨林─福爾摩沙雨林植物誌》，第二本書《舌尖上的東協─東南亞美食與蔬果植物誌》也於2019年3月出版。

從不知道！
菲律賓牛肉湯這麼好喝

牛肉湯Bulalo

菲律賓國民美食，地位大概就像台灣的蚵仔麵線，處處可見。以牛腿、牛大骨、蔬菜下去熬煮，味鮮湯甜，非常好喝，是台灣人也會喜歡的口味，僅週日有賣，幾乎人人桌上必點。老闆貼心的讓大家可以加湯，第一站就喝到美味湯品，馬上收入名單。

炸鳥蛋

將小巧的鳥蛋拿去油炸，比較特別的是用了菲律賓常用香料－胭脂樹來染色。

菲律賓 Philippines

菲律賓 知 小知識

人口 102.939（百萬）
面積 299,764平方公里
官方語言 菲律賓語、英文
主要民族 比薩揚、他加祿
首都 馬尼拉
貨幣 披索
宗教 天主教、伊斯蘭教

SHOP INFO

麗姐菲律賓小吃店

不在東協廣場，而在周邊路上，是適合週日想要好好喝碗清雅甜美湯的首選。假日建議10前到才容易有位置，裡頭還有賣菲律賓香腸飯、雞肉飯、燒賣飯、春捲飯等便餐。

08:30-21:00
04-2222-0305
台中市中區綠川東街8號

文字整理／馮忠恬 攝影／王正毅

Plus!

講到菲律賓
你一定要認識的香料

如果看到橘色的菲律賓食物，通常就是胭脂樹的功勞。無論煎煮炒炸，鹹食、甜食，菲律賓人都喜歡以胭脂樹的種子來染色，仔細品嚐，帶有淡淡香氣，又稱紅胡椒、咖哩米。

SHOP INFO

無名菲律賓點心小吃攤

在東協廣場外圍，無名菲律賓點心小吃攤平常是貿易商，六、日才會在外頭擺放傳統的菲律賓小食服務同鄉，每週品項不同，建議早上來才不容易撲空。

約10:00開始，賣完為止
（僅週末有開）
台中市中區綠川西街115之3號

SHOP INFO

菲式美食

約10:00開始，賣完為止（僅週日開）
台中市中區綠川西街143號

椰奶控看過來！
你一定會愛的菲律賓甜點

菲律賓椰奶黑糖甜米糕

菲律賓米糕，吃來像加了椰奶口味的澎湖黑糖糕。
（無名菲律賓點心小吃攤）

椰奶紫山藥泥

紫色山藥泥裡加入椰奶一起攪拌均勻而成的菲式甜點。
（無名菲律賓點心小吃攤）

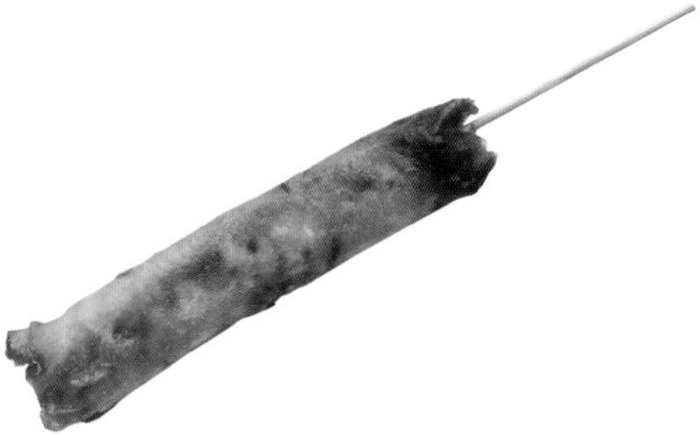

菲律賓炸香蕉

菲律賓傳統甜點，把香蕉包入春捲皮裡裹紅糖一起油炸。
（菲式美食）

泰國、印尼 料理食材庫

羅望子

1896年引進台灣的植物，中、南部較老的公園與校園常可見。由於東南亞沒有醋，羅望子便成了烹調時重要的酸味來源。成熟的果實有酸甜感，未熟的幼果酸澀味更重。東協廣場夏天賣熟果，秋天未熟果上市，另也有賣羅望子醬與糖。

泰國花椒

芸香科植物，味道淡淡的，除了我們所熟悉的花椒味外，還帶了點孜然的味道。

印度楝

印度阿育吠陀的藥用植物，嫩葉跟果實可以入菜，葉子帶苦，果實可以做成鮮食或打汁。

羅望子蜜餞糖

以羅望子果實去殼後做成的蜜餞，吃來酸甜感十足，是泰國人喜歡的點心。

甲猜

又稱手指薑、凹唇薑，味道和薑類似，但味道較淡。泰國與爪哇料理裡常使用，特別適合魚料理。

泰國香腸

在烤肉店裡買到的泰國香腸，裡頭有絞肉、香料、冬粉。在腸衣裡裝入冬粉，是泰國香腸的特色。（泰國東北烤肉店）

石栗仁

種子大小形狀如栗子，但堅硬如石頭因而得名，是印尼、馬來西亞的重要食材，常被當成味精使用，加入沙嗲醬裡，或湯裡放一些增稠，印尼雜貨店幾乎一定有賣。

泰國 Thailand

泰國 知 小知識

人口 68.863（百萬）
面積 513,120平方公里
官方語言 泰文
主要民族 暹羅、佬族、華裔
首都 曼谷
貨幣 銖
宗教 佛教

SHOP INFO

泰國超市

東協廣場一樓入口處左邊的雜貨小舖。泰國料理常使用鮮香料少用乾香料，許多新鮮香料在此都能買得到。由於泰國東北部氣候乾燥，物產不多，因此深受寮國、柬埔寨影響，食用青蛙與昆蟲，運氣好的話，偶爾還可以買到泰國名菜「蟒大」的重要食材－印度大田鱉。

約10:00-20:00（週末開）
台中市中區綠川西街129、131號

SHOP INFO

泰國東北烤肉店

10:00-18:00開始（週末開）台中市中區綠川西街141號

老闆加碼推薦

涼拌海鮮

辣糖醋魚

SHOP INFO

K. JOY泰式料理
(喬伊小姐)

東協廣場3樓泰國區內，有成排的料理店，且幾乎每間都附設卡拉OK。泰國料理百年來吸收了印度、中國、緬甸、寮國、馬來西亞等地的香料、食材與風味，發展成複雜的菜系，講求酸、辣、鹹、甜、苦五味平衡。至於台灣人很愛的月亮蝦餅則是台灣研發後，紅回泰國去的。

04-2491-9546
10:00-21:00
台中市中區綠川西街135號3樓258B

什麼！在炒粄條裡加椰糖

打拋雞

打拋指的是一起拌炒的新鮮香料，又稱「聖羅勒」。植物分類上與九層塔同屬，不少店家常以九層塔取代打拋葉。在東協廣場一樓周圍的菜攤或二樓雜貨鋪，都可買到新鮮的打拋葉。

豬肉炒粄條

泰式炒粄條是泰國隨處可見的食物，特色是加了椰糖一起炒，鹹甜的滋味令人印象深刻。

涼拌鹹蛋木瓜

泰國料理店幾乎一定會有涼拌木瓜絲，這間有意思的是加了鹹蛋一起涼拌，中和了原本的酸，吃來更柔和有層次，非常喜歡。

一字排開 印尼沙嗲好威

沙嗲

沙嗲即印尼的串燒，將醃過的牛、羊、雞等肉類串起，以炭火烤熟，食用時淋上由花生、椰奶、石栗、薑黃、南薑、沙薑、檸檬葉、香茅、蔥、蒜、辣椒等多種香料調製而成的沙嗲醬，是著名的印尼料理。馬來西亞跟泰國沙嗲即是由此而來。

辣炒天貝

天貝是黃豆的發酵食，起源於爪哇，最早是將煮熟的黃豆包裹在芭蕉葉中，待其長滿菌絲並凝結成塊。可炸、可煎、可煮咖哩，就跟豆腐一樣百搭，如果沒吃過天貝，就不算吃過印尼料理。

咖哩緬甸臭豆

長相類似台灣皇帝豆的豆仁，帶有獨特的氣味，有人說像瓦斯，有人說是臭味。和臭豆腐、榴槤一樣，是愛者恆愛的食物，常加肉絲、小魚乾、魚露快炒，有機會一定要試試。

印尼 Indonesia

印尼 知 小知識

人口 258.802（百萬）
面積 1,919,440平方公里
官方語言 印尼文
主要民族 爪哇、巽他、馬都拉
首都 雅加達
貨幣 盾
宗教 伊斯蘭教

SHOP INFO

AKUI阿貴
印尼料理小吃店

印尼飲食受伊斯蘭教清真戒律，為了不和其他類型的飲食混合，多在東協的外圍開店，自成一區。阿貴是平常日也有開的印尼小吃店，裡頭有像自助餐式的各式料理，辣炒天貝、炸臭豆、加多加多（印尼蔬菜沙拉）等。假日因移工休假，種類更多，門口一字排開的烤沙嗲是其特色。

04-2226-7945
09:00-20:00
台中市中區綠川西街175巷3號

SHOP INFO

尤莉印尼小吃店

老闆是印尼新住民，親切熱情，中文很好。除了Soto Ayam外，在這裡還可以吃到薑黃炒飯、爪哇牛肉丸湯、炸斑鳩飯等道地的印尼料理。

11:00-21:00（週末開）
台中市中區綠川西街175巷6號

最好的索多雞湯在這裡！

雞肉菜湯 SOTO AYAM

Soto是印尼的菜肉湯，是從街邊小吃到高級餐館都有的美食，最常見的便是此道雞肉菜湯Soto Ayam（索多阿炎）。阿炎是雞肉的印尼語，Soto Ayam裡通常會有水煮蛋、油豆腐、綠豆芽、馬鈴薯塊、米線以及雞胸肉絲，以香料一起熬煮，有時也會加入椰奶，印尼各地會有不同的變化。

SHOP INFO

加里曼尼特色小吃

10:30-21:30（週末開）
0926-797-706
台中市中區繼光街146號

超特色飲品

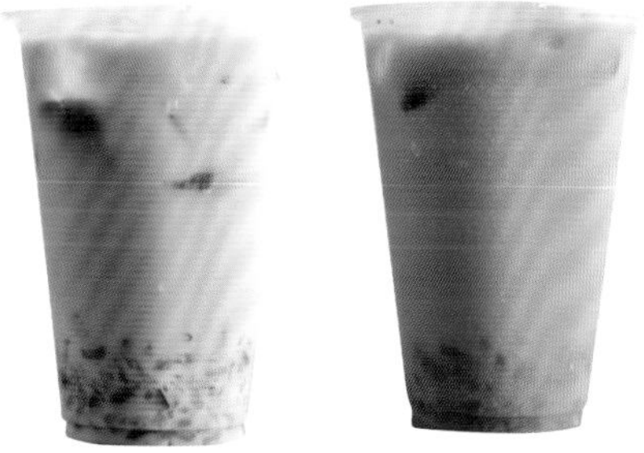

珍多冰

印尼的特色飲料，以斑蘭葉、綠豆粉做成粿條，配上椰薑與椰糖，傳遍東南亞，泰國、越南也有，粉紅色的為草莓口味。

斑蘭丸子

斑蘭葉又稱香蘭葉，有淡淡芋頭香，是天然的染色香料。有些地方為了讓顏色更鮮豔，會以濃縮香蘭液來做，這裡則是直接以新鮮的香蘭汁，吃來味道更清爽。外頭覆上椰奶，帶有濃厚印尼氣息。

只懂得吃牛肉河粉就遜了

豬腳番茄米線

對比於牛肉河粉的清淡，豬腳番茄米線豐富有料，裡頭有滷豬腳、越南火腿、番茄、豬血、油豆腐等，很適合一次想要吃許多東西，一網打盡的胃。

拼盤

酸肉、法式火腿、豬耳凍

紅色的是豬肉泥加香料後以香蕉葉包裹發酵的酸肉，米白色為法式火腿、帶黑的是豬耳凍，內有香菇、豬舌、豬耳朵等，是很道地的越南豬肉拼盤。

越式蒸蛋

喜歡吃蒸蛋的絕對要試試這款口味！裡頭有冬粉、木耳、豬肉，肉的份量多到，我們都懷疑是蒸蛋還是蒸肉？

越南 Vietnam

越南 知 小知識

人口 94.569（百萬）

面積 331,210平方公里

官方語言 越南文

主要民族 京族

首都 河內

貨幣 盾

宗教 佛教

SHOP INFO

越南華僑美食館

如果到越南小館只會點牛肉河粉就太可惜了，做工繁複的順化河粉及豬腳番茄米線也是精華！越南國土南北狹長，距離1650公里，北越菜受中國影響，味道重鹹，南越菜受中南半島與法國影響，重甜與酸辣，此間店距離東協廣場有段距離，食物多是自己手做，從酸肉、粉腸到越式蒸蛋，琳琅滿目，應有盡有。

04-2229-4062
11:00-20:00（週四休）
台中市中區自由路二段88-3號

Bonus !

Big King

東南亞超商（每日營業）

Big King是連鎖東南亞超商，在東協廣場2、3樓皆有店面，賣有東協國家的日常必需品，以及新鮮食材、香料等，從肉荳蔻、白荳蔻、白胡椒、芫荽籽皆有。菲律賓人愛的罐頭、飲料、印尼人喜歡的油炸餅乾、綠豆粉、茗葉清潔用品、泰國的摩摩喳喳原料，東南亞的各種食材泡麵罐頭都能在裡面找到。

東協市場一樓

成功路菜攤（每日營業）

當季的東南亞新鮮蔬菜、香料幾乎都有，從假蒟、刺芫荽、甲猜、牛奶果、芭蕉花到越南白霞，想找新鮮的東南亞蔬果，來這裡看看就對了！

法國麵包

越南曾受法國殖民，因此出現了法國麵包這樣的食物，內有法國火腿、生菜與自炒豬肉，其中生菜可不能隨便亂添，要加越南毛翁才對味。

黃金蛋餅

越南人不吃打拋，吃九層塔。此道料理受柬埔寨影響，除了單吃，還可將煎蛋、生菜、薄荷、九層塔包在春捲皮裡沾醬一起食用。

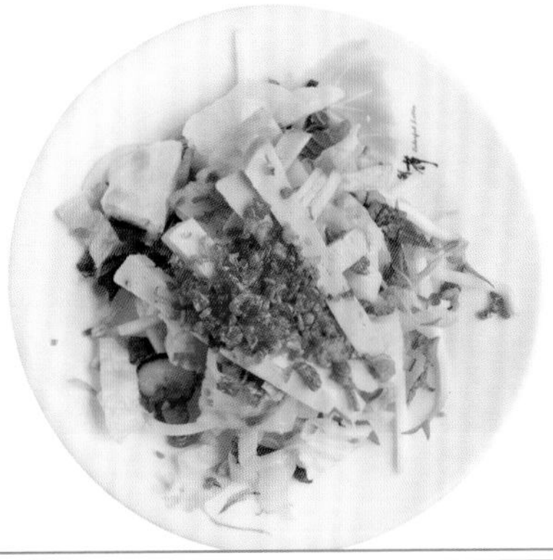

越南粉卷／港式粉腸

北越菜色受中國影響，其中越南牛肉河粉和粵菜的乾炒河粉系出同門。越南粉卷又稱「蒸春捲」，是從粵菜中的腸粉變化而來。

生菜包春捲

越南北中南都有的食物，裡頭有米線、蛋皮、蝦子、生菜，其中生菜一樣要添越南毛翁才對。

Specia!

講到越南
你一定要認識的點心

越南的麻糬Bánh ít，製作方式、口感都與台灣麻糬雷同，差別在於Bánh ít 會用芭蕉葉包裹起來蒸熟。內餡有甜有鹹，包椰子或綠豆餡的最常見。（東協廣場一樓，成功路49-53號前的攤販皆有販售。）

那些，我的看見

日本攝影師的台灣食物紀實

文／馮忠恬　攝影／小林賢伍

阿美族的石頭火鍋，以檳榔葉鞘為容器，燒熱的石頭為火。
全是野地現抓的魚與蟹。石頭放入，水便滾了起來，
傳統的煮食方式，現在仍有不少族人使用（花蓮靜浦部落）。

PROFILE **小林賢伍こばやしけんご**

1989年生，來自日本東京都，現居台北，攝影作家兼旅行作家，連續三年獲選 Art Revolution Taipei 台北新藝術博覽會「百大名人」。自學攝影，目前透過攝影和演講等多樣方式逐步拓展在台活動。喜愛旅行，偏好保留了傳統文化和純淨自然的世界遺產地點。
FB 小林賢伍 KENGO KOBAYASHI／IG iamnotkengo

小林賢伍說：「如果不是原住民，我不會在台灣待那麼久……」剛滿三十歲的他，體內有股老靈魂。從前因爲尋找世界文化遺產四處旅行，現在落腳台灣，因爲在他眼裡：「台灣原住民就是『活的』文化遺產。」

從二〇一八年十月到採訪時的二〇一九年二月，四個多月時間，他已經跑了十幾次的部落。小林賢伍很喜歡台灣原住民的文化與生活，當世界越來越混亂，原住民卻保留了很多重要的價值，「我很尊敬他們，尤其他們不過份獵取，對大自然的尊重，還有在保存傳統文化上的努力，我一直都在跟他們學。」小林賢伍客氣地說，爲了能更了解台灣與原住民文化，他學中文、下部落和原住民交朋友、到圖書館翻找資料，也替他們拍照。因記錄台灣各種面貌，一則網路貼文常有千人按讚的他說，「這些照片，是爲了讓大家看到原住民，而不是看到我。」

日語裡有個漢字「絆」（Kizuna），原指拴動物的繩子，後來延伸爲一種「深厚的情感關係」，小林賢伍很喜歡在台灣原住民身上看到的「絆」之精神，「在日本，我們最多只會知道爺爺奶奶或爺爺奶奶上一輩的事，甚至只談眼前的事，工作怎麼樣？薪水好不好？什麼時候要結婚？但原住民朋友會去記錄、學習數百年那些世世代代，祖先流傳下來的事。」小林賢伍溫暖地說。

除了北海道愛努族，日本是單一種族國家，台灣則有漢人、閩南人、客家人、原住民。食物也是，各種的融合。看在從料理學校畢業的小林賢伍眼裡，原住民食物有個不一樣的位置：有機、天然、原味、和自然共生，他緩緩道出那份他深信不移的價值：「現在食物常有太多的添加，那種好吃是添加物的好吃，和原住民原味的好吃內涵不同。」

跑遍全台與離島，笑著說只剩龜山島跟綠島沒去過的他，幾乎把全台灣都拍完了。在他眼中，台灣如此豐富。

第一次在花蓮、台東交界處的玉里高寮部落，看到撈小魚苗很感動。裡頭有傳承、也有生活。從前在日本有聽祖父說過，在爺爺爸爸的時代，生活很苦沒有錢，所以他們會自己去撈魚，沒想到爺爺跟我說的事我在台灣看到了。

1

2

3

1. 記得第一次在花蓮東大門市場看到原住民的蔬菜攤位時，整個人嚇一跳！雖然自己是料理學校畢業，但阿美族的很多食材我都沒看過，每個都問，這個是？每一個都在想要怎麼吃？甚至覺得很多看來不像食物。而且我不怕吃阿美族野菜，日本很多食物都很苦，野菜的苦我不怕。

2. 在花蓮靜浦部落海邊。部落的人很厲害，我什麼都看不出來，他們就採出食物了。現採的，等等就要拿它來做菜。

3. 馬告雞湯，和日本人對於湯的概念很像，重要的是湯，而不是雞肉。

1

Aura of food
Part 4.2

築地，小宇宙的回眸

台灣攝影師的一期一會

文、攝影／李俊賢

不得不信，生滅起落，環環相扣，一切皆有時。新、舊存在著糾纏的連結，「舊」是踩著「新」的步伐，和光陰交換了興盛，也分期附贈了龍鍾老態。

一六五七年，江戶燃起滅城三分之二的明曆大火，爲遷移重建火災後的「江戶淺草御坊」（現在築地本願寺前身）而塡海造陸，於是「築地」誕生，顧名思義，圍「築」出來的「地」。

一九二三年，關東大地震，毀了日本橋與江戶橋之間超過三百年歷史的「魚河岸」市場。東京改造計畫決定將市場遷到築地，但花了十多年排除阻力。一九三五年，築地不僅延續了魚河岸的中央市場地位，幾十年後更成爲世界最大漁貨中心。七萬坪的築地市場，有六個東京巨蛋大，每日靠九百多家水產批發商、八千輛卡車，集散一千七百噸近乎天文數字的漁獲。

二〇一八年十月，築地市場歷經八十三年光陰，完成餵養東京人的重責大任。即便搬遷豐洲後，「築地」市場的名稱肯定仍會如影隨形，就像當年新開幕的築地市場裡，「魚河岸市場」之名一直未曾消失過。深刻情感、往日榮耀總是值得驕傲，不只懷想，也在新生活

PROFILE 李俊賢

用影像和文字書寫，想豐富自己與別人的生命經驗。曾在報紙、旅遊雜誌、電視擔任採編、攝影。近年漫步攝影「教與學」的幽徑上。現為台藝大通識教育中心「現代攝影力」課程講師、眷村保存與記錄人。部落格：空城記。憶

裡爲其留一席之地。

「每張照片，都可以是一部電影的第一個鏡頭。」德國導演溫德斯（Wim Wenders）在攝影集《一次：影像和故事》如是說。

的確，照片，像一個時空座標，逆時回溯、順時追望、或任意跳接，悉聽尊便。因紀錄片《築地市場：和食之心》的勾引，於是I'm going to TSUKIJI WONDERLAND.，我懷著「唯一一次」的珍重心意與築地相遇，也回應日本茶道「一期一會」，把握當下的禪悟。發生過的不會消失，只會被遺忘。按下快門，從此放在心上。

2

1. 商號常見「佃」字，原意「東京都中央區」，即便早已遷移，仍保留來時路線索。右上角的海報即築地紀錄片海報。**2.** 築地名物－長靴，具收納報紙、文件、鮪魚鐵鉤、手電筒的功能。

6

7

3

4

5

3、4. 有頭有尾，築地走過。

5. 如浪潮般的漁貨從買荷保管所離場，忙碌後小歇一會。

6. 扇形弧線是仲卸業者賣場建築特色。

7. 裝箱的整條魚是大海的禮物。

10、11. 交易紀錄盡在老闆娘的小辦公區。

12. 帽上頂著賣買參加章編號的青果部中盤商。

8. 魚販、遊客各就各位。

9. 漁河岸橫丁店家（左）與包裝材商是生命共同體。

15

17

13. 末日氛圍逼近，由堅決抗拒搬遷到無奈接受。

14、15. 春風大叔馳騁電動圓盤車，約2600輛在市場穿梭，取得特殊駕照才能上路。

16. 古印度樣式的築地本願寺尖頂，一度成為漁船回港的指引。

17. 小店貼出「終業」，象徵築地謝幕，豐洲登場。

土壌汚染地への移転、断固反対!!
食の安全が
確保できない!
待たれ!
一心太助参上
築地市場移転は暴挙だ。
喫煙は指定場所
でお願いします
市場協会 環整協
東京都
13

ターレ
フォーク
バイク等
14

16

國產黃豆復興計畫
中都農業生產合作社
1%的圓夢之路

文／台灣好食材鐘玉霞　圖／中都農業生產合作社、台灣好食材

台灣土地上消失三十年的國產黃豆，重新種回來了！
幕後推手正是「中都農業生產合作社」！

國產非基改黃豆製作的白玉豆干，
可品嘗到高雄選十號的獨特豆香。

1. 黃豆採收機行進中將黃豆筴脫殼，豆筴和枝葉碾碎撒出作為綠肥。
2. 中都農業生產合作社是農友的好夥伴。

黃豆採收機一路推進，將豆莢脫殼，採收顆顆飽滿、色澤自然帶光澤的黃色小寶石：國產黃豆。

這是台中二期稻作之後，轉種國產黃豆的一頁風景。由國產雜糧原物料供應商—中都農業生產合作社的191位社員契作、共一百三十公頃，黃澄澄黃豆田在台中海線大肚、龍井、梧棲、清水……展現盎然生命力。

台灣第一支國產非基改黃豆製作、產銷履歷全聯白玉豆干，正是選用中都契作、高雄選十號國產黃豆製作。

中都農業生產合作社 把台中變成國產黃豆重鎮

早年，台灣也有栽種少量黃豆，大多釀造醬油或做豆腐；戰後，黃豆成爲美援大宗物資，主要用來榨大豆油。進口黃豆比台灣黃豆便宜，加上毛豆出口日本收益好，很少人願意種黃豆，農地和技術也漸漸消失了。此外，很多人認爲：台灣農地破碎，無力對抗國外大規模機械化生產……。

中都農業生產合作社理事主席馬聿安則認爲：「以往市場不用國產雜糧原物料，關鍵因素是品質不穩定。現在，中都契作的國產黃豆質、量穩定，受到國內大廠青睞，進而加工成豆製品。」

中都達人說
國產 vs. 進口大豆

Better!

非基改

進口黃豆9成以上是基因改造黃豆；台灣法令不允許栽種基改植物，因此，國產黃豆都是非基改黃豆。

Better!

品種&口感

美國等地進口的基改黃豆，在國外多作為畜牧飼料，脂肪、蛋白質含量高。華人有黃豆飲食文化，黃豆品種與口感，是進口基改黃豆無法相比的。中都契作黃豆，選擇不需使用落葉劑的品種：高雄選十號，碳水化合物與蛋白質比例高一些，口感鮮甜細緻、豆香濃厚。

Better!

在地&新鮮

進口黃豆歷經船運，為了保存可能添加抗菌劑，過程中也可能變質產生黃麴毒素。國產黃豆新鮮，乾燥後在穩定的溫濕度中儲存，豆子相對新鮮安全。

和老農成爲夥伴 阿公阿嬤種出高品質黃豆

馬聿安是中興大學農機博士，也是第一屆百大青農。二〇一六年他以故鄉台中爲基地，創立中都農業生產合作社，開始台灣雜糧復興計畫—制定參與式契作標準作業，包括：媒合代耕、田間管理、風險管理、分級收購，導入農業科學、高度機械化設備、產銷履歷制度，提升效率與品質。

中都農業生產合作社執行長林宗富笑著說，從第一年約70位社員契作黃豆，到今年191位，成員平均年齡67歲。機械化播種、採收，阿公阿嬤農友也能在二期稻作轉作黃豆時，開心地種出高品質黃豆。

1. 以中都農業生產合作社契作的國產黃豆製成味噌，帶有台中海線的甘美鹹香。
2. 台中海線非基改黃豆，加上台中大甲、大雅契作小麥，純釀365天的豆麥醬油，甘醇濃郁。

馬聿安分享契作的理念：「和老農成為夥伴、陪伴他們，藉由青銀共榮，讓農村資源分配不均造成的世代對立能和解；合作社社員一人一票，也讓老農們找回話語權、自主感。」

合作社是夥伴、教練、也是監工，契作阿公阿嬤種出高品質黃豆、有穩定收入，也對農村人口外移及老化問題提供另一解套。馬聿安笑著說：「契作精神也包含著Aging in place（在地安養、在地老化），希望當我老了，所建立的制度也能讓我舒服地務農。」

歷史是吃出來的 全民餐桌革命ing

台灣雜糧復耕，種出黃豆等雜糧，也長出產業供應鏈。但即使如此，國產食用黃豆自給率仍不到1%。最關鍵的一哩路：民眾愛吃台灣土地栽種、新鮮安全的國產非基改黃豆和豆製品！

歷史，是吃出來的，我們正參與這場餐桌革命……

中都
農業生產
合作社
https://goo.gl/PLFwji

全聯
白玉豆干
食譜
https://reurl.cc/330NR

中都╳全聯
白玉豆干

這支產銷履歷白玉豆干，採用在台中海線契作，自然熟成、不使用落葉劑的高雄選十號大豆製作，清蒸、紅燒、煎烤、燉煮、涼拌都好吃。有別於常見添加食用色素的黃色豆乾，白玉豆干無添加、不染色、不滷製，吃得健康安心，能品嚐到台灣風土特色的黃豆真滋味。

料理秘訣&經典食譜

歐洲平民蔬菜：櫛瓜

文、圖／台灣好食材 鐘玉霞、李玉昀

櫛瓜低卡路里、低GI，看起來像黃瓜、南瓜，帶有微妙甜味和苦味，在歐美溫帶國家是夏天蔬菜，因而有「夏南瓜」之稱。現在台灣也愈來愈常見了，黃綠棍棒形、圓形、飛碟造型，為餐桌增添繽紛美味，但櫛瓜要如何料理呢？

櫛瓜在法國、義大利、地中海等地是常見的平民蔬菜。在台灣，平地櫛瓜多是秋冬栽種，高山櫛瓜產季則是三月起至十一月底。在南投仁愛鄉栽種高山櫛瓜的慈恩農園第二代郭芝秀，和我們分享櫛瓜小知識！

台灣常見櫛瓜品種

綠色棍棒

綠色長條品種——阿滿、黑魔。皮比阿真厚，口感比較脆，適合做沙拉、天婦羅。

黃色棍棒

黃色長條品種——阿真，為台灣改良品種。水分較多，適合煮湯、清炒、入火鍋添清甜口感，因容易出水、麵衣變軟，較不適合油炸。

飛碟瓜

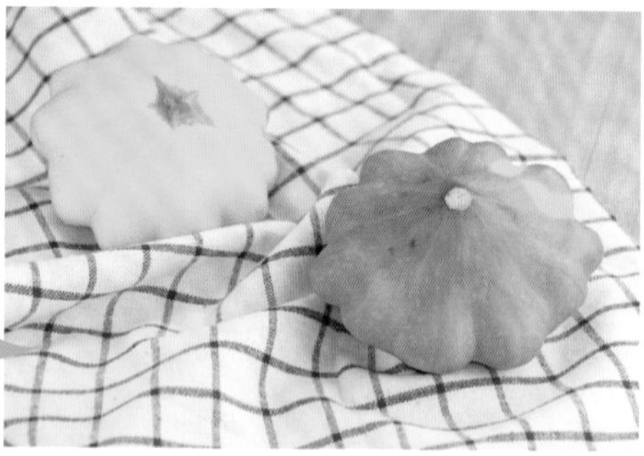

外型獨特像飛碟，口感清甜、爽脆，適合煎炸、涼拌做沙拉。飛碟造型也是容器，可做櫛瓜盅。

圓形綠球與黃球櫛瓜

較少見、圓形可愛的綠球與黃球櫛瓜，水分比阿滿、阿真更高，可像南瓜盅一樣當作容器，做櫛瓜盅。

櫛瓜料理 & 保存TIPS

可參考茄子料理	和茄子相似，櫛瓜中心富含海綿體，料理方法也可參考茄子。煎烤、煎蛋、油炸做天婦羅。	**連皮料理，全食物品嚐更營養**	櫛瓜富含β-胡蘿蔔素、維生素K、維生素C、鉀、鈣，尤其櫛瓜皮營養豐富，因此不須削皮，連皮料理更營養。
冷藏或煮熟保存	可用紙巾包住櫛瓜冷藏，或是切片煮熟再放入密封袋冷藏，要製作咖哩或燉菜時都很方便使用。	**富含β-胡蘿蔔素，加油烹調吸收率更高**	β-胡蘿蔔素易溶於油，煎烤櫛瓜、做櫛瓜沙拉時加少許橄欖油，可增加營養吸收。

櫛瓜煎蛋

櫛瓜麵

櫛瓜鑲肉船

櫛瓜經典4料理

1 煎烤
櫛瓜烤時蔬、櫛瓜煎蛋

櫛瓜切圓片，淋上橄欖油煎烤，是最基本的作法，也可搭配時令蔬菜做烤時蔬。另外，櫛瓜切片淋蛋汁、撒香料，烤箱或平底鍋煎烤，就是美味的櫛瓜煎蛋。

2 鮮食
櫛瓜沙拉

櫛瓜刨片狀、起士刨片狀、番茄切半，淋上橄欖油、香料，均勻攪拌，就是清爽開胃的櫛瓜沙拉。

3 麵條
櫛瓜麵、櫛瓜麵沙拉

櫛瓜刨成細絲，拌入鮪魚、玉米罐頭，即是櫛瓜麵沙拉。將條狀櫛瓜麵拌入湯麵，也很美味。

4 剖半做盅
櫛瓜鑲肉船

櫛瓜剖半，可做櫛瓜船（櫛瓜盅）！挖出海綿體，將海綿體切丁、豆腐切丁、混合絞肉，撒上鹽、香料調味，再回填、撒上起司，放入烤箱，即是美味的櫛瓜鑲肉船！

我們極度好運，跟著獵人與獵犬，短短一小時，5顆新鮮松露入袋！

一場賭局
我的義大利獵白松露記

文、攝影／洪奕萍

跟計劃一場婚禮的時間差不多，一年多以前就說好，在二〇一七年的時空，當時對我來說無疑是個異常大膽的決定。

氣候極端異常忽冷爆熱已經是我們這代人的家常便飯，反映在農業上的結果相當令人擔憂，堅毅的農夫們等待的那一年一穫已經形成變相賭博，直接跟天氣對賭，而我們都知道一般是莊家（天氣）全贏。

一年以前，二〇一七年十月我身在義大利托斯卡尼北部跟著一位白松露獵人上課，當時的他與松露獵犬居然找不到白松露，完全一無所獲，原本約定好的獵松露行程只能取消。我當場就決定，二〇一八年再來一回合吧！這瞬間代表我也參與了這場賭局，撩下去！

二〇一八年十一月到十二月因工作行程的關係，整個月都在義大利奔走，從西西里島、普莉亞大區、波隆那、佛羅倫斯、摩典納、托斯卡尼，每個地方幾乎走兩次，唯一只能做一次的行程就是獵白松露，準備的登山型禦寒衣、耐髒靴都是爲了十二月五日這場約定的賭局。重點是，我還帶著6個人同行，出發前我只淡淡描述松露難得的珍

1. Livorno半世紀以來獵到最大松露的媒體拍賣會現場，運氣真好，他正是我們此行的松露獵人！
2. 托斯卡尼的薄暮清晨與山間雲海。
3. 採完松露後，獵犬在大平原上奔跑著。

奇，沒對同行友人們公開二〇一七年一無所獲的慘案，眞心希望大家要帶著正面能量創造新的局面，每天祈禱！

11月27日 震撼郵件

Monica! Mauro白松露獵人獵到重達2100g的白松露，50年來最大顆，即將召開記者拍賣會！（註1）

老天爺！這眞是助願成功，蟄伏一年的土壤與獵人獵犬們都發威了，我們突然變成幸運兒即將跟新創紀錄者一起去獵松露耶！

11月29日 松露拍賣媒體記者會

新鮮松露是個和時間賽跑，得趕緊吃下肚的自然產物，那股香氣在跟空氣接觸後會迅速消散，完全不加等待，兩天後即刻進行拍賣，拍賣底價50,000歐元，據說最後買主是位俄羅斯人，敲價不公開獲得此顆近百年巨無霸白松露，戰鬥民族眞是厲害。

12月4日 松露知識學習

松露是獨一無二的菌塊，必須要有喜歡的溫、濕度以及與橡樹共生等條件，強烈而清晰地要求母親大地餵養不偏不倚的養分，種類不少，但能吃得不多約莫6種，其中有黑有白，最珍稀當屬白松露，因爲它香氣最濃郁同時無法人工大量培養（註2），完全是靠天靠地吃飯的行當。

12月5日 終於要上陣啦

這天是個美麗的冬晴，一大早抵達指定地點，跟著獵人指示，乖乖尾隨他，也只有他能跟狗說話與玩耍～這位精力旺盛的獵狗，怎麼說呢，就是個很野的孩子，可以看出獵人沒有要獵狗有好家教，什麼乖乖坐下伸手握手通通沒有。獵狗此生必得學會的就是敏銳嗅聞松露氣味，從打娘胎出生就被餵養松露，松露味道已經完整融進他的細胞裡。

一開始走著沒有路的泥巴小徑，這條小徑是由腳踩踏而來，中途有倒下的樹幹、滑石、青苔落葉，我們要努力彎腰、跨越障礙、仔細踩穩在泥地上，總之就是不要跌倒……沒多久，獵人停下來表示他要捲菸草來抽，這一停其實不到十分鐘，眞正的用意是讓獵狗感到無聊，讓牠心急，我們在一旁看著獵狗嗚咽跺腳，央求主人快點抽完菸，要準備大展身手去！

獵人一扔下菸草，狗兒瞬間往前猛衝，我們這些只求不跌倒的人，在後面追趕著，接著馬上聽到獵狗興奮地汪汪叫，趕到的時候看到獵狗在一處跳來跳去，聰明的牠不會大力挖地以免傷害松露，獵人則是熟練地在狗兒雀躍處，輕輕地推開牠到一旁，化身爲獵狗眼中幫忙挖掘的小夥伴，而不僅是主人上對下的身份。

註1：此白松露為Livorno 地區一九五四年後至今獵到的最大顆紀錄！ 註2：中國大陸雲南地區已經成功培育量產黑松露

極度好運168車牌 1個小時5顆松露入袋

一早領隊R先生說他今天開著新車，我往後一看，車牌三碼數字居然是168，瞬間跟他說中頭獎，這數字在華人區域可是不得了的價錢。結果168好運也眷顧著我們，在約定獵松露的一小時內，我們居然採到5顆！每一顆在挖到後即刻放入保鮮夾鏈袋，避免香氣散逸，領隊R先生直呼不可思議，他說從來沒有人來採松露找到這麼多的，我們這群獵松露的新手跟班也算是破紀錄。

在高級橄欖油莊園餐廳 來場松露素食宴

新鮮松露的最佳使用方式，是在它還有濃郁香氣時儘速食用，在規劃行程時就設想到，一早獵完松露後最好能在午餐時間即享用，考慮到搭配松露的食材越清淡越好才能凸顯其香，在托斯卡尼大區我們確認了一間Fonte di Foiano（註3）的橄欖油莊園，剛好新整頓了素食料理廚房，雇用了優秀的素食女廚師！

當然，我們的菜單裡肯定有道傳統菜，是義大利鄉村最常採取的一道新鮮松露料理——太陽蛋松露雨，顧名思義就是刨松露在太陽蛋上。在這裡，女主廚做了美麗的變化，法式水波蛋覆在紫薯上方，現刨松露再淋上美味的特級初榨橄欖油，老天爺～這真不是一般的好吃，如此自然簡單的食材搭配，卻珍稀地只能在此時此刻義大利的托斯卡尼鄉間品嚐到。

每次領隊R先生為我們刷刷刷刨松露在盤子上，每個人也都哇哇哇的驚嘆連連，團員中有位來自美國紐約（義大利裔）的財富管理顧問Richard Imperiale，說什麼山珍海味都吃過，這頓新鮮松露素食料理是他記憶以來，在義大利吃過最好的一餐。是的，我的安排感動了一位義大利裔！

這回，我的大膽賭注，老天給了意外的驚喜！！！（投資一定有風險，肯定有賺有賠，請自行斟酌）。

1. 陽光下的法式水波蛋刨新鮮白松露。**2.** 來杯清爽的Rosé作為完美結尾。

新鮮松露小知識

品嚐新鮮松露

新鮮松露通常刨成薄片，搭配簡單清淡的食材如麵條、燉飯、沙拉或牛排食用。清淡食材與簡單的烹調方式，是最能保留松露原味的吃法。儘量避免搭配個性強烈的食材，以及過度高溫烹煮油炸或烘烤，松露的香氣在80℃會慢慢揮發流失。

松露用水清洗後必須立即食用

新鮮松露是指從土壤挖出來未經加工，松露表面會有泥土黏附以保持其濕潤及酸鹼值。食用前用細毛刷以清水刷洗，洗乾淨後應即刻食用。若不當日食用，切勿清洗，以免加速松露軟化及香氣流失，應維持附著在表面上的土壤，如此可有效防止水分的流失。

Profile

洪奕萍（MONICA HUNG）

化構想為可能的實踐者！超過15年以上經驗協助國際品牌深耕大中華地區。曾任職於台北、北京奧美廣告、索尼國際音樂娛樂品牌發展總監；2012年前往西班牙馬德里 IE 商學院攻讀MBA取得企管碩士學位，後立志推廣品質生活、食材知識；2015年創辦Olive Green歐洲生活精選，專營高端地中海食材、油品、伊比薩海鹽橄欖油進出口貿易及擔任品牌大使；2019年獲選成為國際橄欖油權威「特級初榨橄欖油世界指南（FLOS OLEI ）」華文區官方授權代表及"2019 年度最佳進口商"。今年將於上海、台北兩地舉辦史上首場 FLOS OLEI亞洲官方授權活動－ FLOS OLEI Tour Event Taipei & Shanghai。

註3: Fonte di Foiano 經FLOS OLEI 特級初榨橄欖油世界指南評鑑，獲選為2019年度最佳橄欖油莊園。

EATING WHILE TRAVELING

旅行中的食物

vol.5

代代相傳的
泰式家常菜

辣酸甜鹹間的完美平衡

BOARDING PASS

TPE
TAIPEI

BKK
Bangkok

Date
FEB 13

To
泰國

Food
泰式家常菜

Columnist
徐銘志

自由撰稿人，曾任職於《商業周刊》、《今周刊》、年代電視台等媒體。作品散見於《GQ》、「端傳媒」、《經濟日報》、《好吃》、《小日子》、《華航機上雜誌》、《香港01》等。對於生活風格著墨甚多，著有《私．京都100選》、《日本踩上癮》、《小慢：慢活．詠物．品好茶》（採訪撰稿）、《暖食餐桌，在我家：110道中西日式料理簡單上桌，今天也要好好吃飯》。網站：www.ericintravel.com

1

2

這間位於泰國曼谷的餐廳並非第一次造訪，不過直到這次在曼谷友人的帶領之下，才真正吃得津津有味。那是降落在曼谷機場的夜晚，友人驅車來接機，一路往市區駛去。「要先去放行李？還是先吃晚餐？」為了避開市區惱人且到處都是的塞車，當機立斷，先去餐廳吧。不一會兒，車已停在市區某處暗巷，幾步之遙的餐廳燈光昏暗，像是夜店的那種調調，裡頭卻杯觥交錯。

走進「Supanniga Eating Room」，眼光被有點潮又有點設計感的空間設計所吸引，調製酒的吧台就在餐廳中間，餐廳裡不盡然是新，木頭柱、樑全看得出時間的況味。更有趣的是，處處可見編織的概念。天花板用一條條麻線創造出有如織布機上的經線，而某面牆上的圖騰，竟是用一捆捆不同顏色的捆線描繪出來的。

一直到開始翻閱菜單，我才意識到，其實四年前已經造訪過這間餐廳的另一間分店了。不過，當時吃了什麼？味道如何？倒是一片空白。Supanniga Eating Room是家主打泰式家傳食譜美味的餐廳，創辦人Thanaruek Laorawirodge從失傳的老泰式食物著手，一步步的將幼時祖母做過的菜色復刻呈現，也許並不華麗，但道道都是充滿故事與傳承的滋味。Thanaruek Laorawirodge就曾表示：「我的祖母不僅是偉大的廚師，也很會說關於她做的菜餚的故事。」

有當地人當靠山，當然點菜並不用太傷神。友人點了泰式快炒牛肉、鳳梨淡菜紅咖哩和魚露炒高麗菜。喔，不用說當然還有吃泰國菜必備的泰國米飯。關於這麼點菜，友人可是有邏輯的。他表示：吃泰國菜時，最重要的是各道菜色間創造的味道平衡。也就是說，不是點了一整桌又辣又酸的菜就會好吃。舉例來說，當晚的魚露炒高麗菜偏鹹，而鳳梨淡菜咖哩則帶著

1. 以魚露、泰國羅勒快炒牛肉相當下飯。**2.** 豬絞肉與花生、大蒜炒製的醬料搭配柑橘同食，是傳統點心。**3.** 鳳梨淡菜紅咖哩酸甜帶辣，是少見甜美型的咖哩。**4.** 初榨西瓜Mojito有著南洋風情。

酸甜辣，泰式快炒牛肉有著鹹辣的滋味。有甜有鹹有辣有酸，豐富的滋味各自獨立卻又彼此幫襯。正如孤獨星球所出版的食譜書《Thailand-From the source》所提到的：「所有的泰式餐點力求在辣、甜、酸、鹹間達到完美平衡，且各個味道不會壓倒其他滋味。」

「你知道我海外工作的朋友回到曼谷，最想吃的一道菜是什麼？」友人指著泰式快炒牛肉，意指著這是曼谷人的思鄉之味。以魚露、辣椒、泰國羅勒、鹽炒製的牛腱肉，帶著些許的湯汁，搭配著米飯而食，魚露爲主調鹹香夠味，加上了辣椒和泰國羅勒的增香提辣，簡單卻開胃的一道菜。友人說，這種作法還會用來炒雞肉、豬肉，幾乎就是泰國人的comfort food。席間，友人早已要來一小碟魚露辣椒蒜，要我試著夾上一塊辣椒和牛肉同食，不僅辣度提升，味道也更有厚重感，相當有趣。

鳳梨淡菜紅咖哩從菜色組合就一脫外人對於泰式咖哩的想像，辣與甜是其鮮明的特色。或許因爲誘人的甜味與鳳梨的酸，不能吃太辣的我對這道咖哩卻喜愛有加，不斷地往白飯裡加。友人說，一如Supanniga Eating Room主打的失傳家庭菜，這是一道很多年輕人都不太知道的菜。聽說，淡菜的鮮和鳳梨的酸甜是好吃與否的關鍵，所以冷凍淡菜和罐頭鳳梨是做不出道地的美味。

主打泰式傳統家庭菜的Supanniga Eating Room，雖然瀰漫著當代氛圍，卻仍一如在家用餐般輕鬆自在，不同於台北的餐飲市場十點即打烊的通例（有些中餐館更早），這兒營業到晚間十一點。飲品也很具特色，除了果汁外，也有不少特色調酒，如初榨西瓜Mojito、奇異果綠茶等。一邊喝著新潮調酒，一邊吃著世代傳承的泰國傳統菜，或許正就是新舊交織的美麗火花。

3

4

Supanniga Eating Room Sathorn 10

電話：+66-2-635-0349
網站：www.supannigaeatingroom.com

Food! Food! Food!

攝影計畫 vol.1

佟媽家的酸白菜

台北公館蟾蜍山

採訪協力／台北市大安區學府社區發展協會

Columnist

叮咚

非典型攝影工作者，擅長在生活時光中自然擷取。在他的鏡頭下，平凡的每日場景，總可以充滿柔軟的瞬間。

跟著丁媽往蟾蜍山山頭的那戶走去，開門進佟媽的屋子裡將她從午睡裡叫醒，佟媽走出房間睡眼惺忪地說著：「好冷」，我們回說：「外面天氣好好啊！」好天氣的這天我們跟佟媽相約，來看她將自然發酵的酸白菜開缸。

佟爸過世後，每年先生會醃製的酸白菜味道，不再出現，一定是想念太深刻，佟媽跟兒子嘗試將記憶復刻，經過幾年嘗試，才找回從前的味道。

每年冬天，大白菜盛產的時節，山頭裡有好幾個陰涼轉角處，放著佟媽大大的醃製缸，她會將鄰居們的份一起醃製，也不忘已逝先生的老朋友，每年這些黑龍江老鄉都會回來與佟媽面交酸白菜，也有了固定見面敘舊的機會。

年假的最後一天，我們到阿美姐的廚房串門子，水槽裡有顆佟媽醃的酸白菜正在退冰，我很喜歡這種老台式磁磚廚房，窗總是在遠遠一端，總是不開燈，紅色綠色的塑料洗菜籃總是好看，阿美姐在側光裡切著酸白菜放進爐火上的鍋底，時不時看她拿著小碗試味道。

開鍋前短短的時間裡，發生了好多可愛的事！先是丁媽領著我們下山到各個鄰居媽媽的小農場，摘了滿滿一籃山茼蒿菜；寶娥姐要出門前探頭進來嚷著說：「要留給我吃喔，下午回來吃！」；路過的鄰居男孩，透過廚房紗窗跟阿美姐說：「有拉～我有要包紅包給你！」「那紅包咧？？」廚房這頭的阿美姐笑著佯裝生氣回他。梁姐去鄰居家借了凍豆腐，路上遇到我們說：「你們好幸運，要不然今天就沒有豆腐了～」

半飽時大家的話匣子也開了，「今年不夠酸」、「就說要先將鍋底煮一下再下料」、「他說不用！」、「要拉！」、「我家還有一顆，那一

顆比較酸，我拿來加進去」，感覺好像每個人家裡的冰箱，都會有一顆佟媽家的酸白菜。阿貝路過也進來拿了碗筷加入，大家熱情的給夏天就要去英國念書的圓圓一堆建議。一顆顆酸白菜熱湯煮成鍋，大夥圍在一起，聊著吃著就成了回憶。

料理很簡單，但因料理產生的記憶，卻足以影響一生。可能是想念，可能是啓發。我總在想，料理是不是也是一則訊息，在跟對方說著「我很好！你也好嗎？」

時序更迭，佟媽不只重現記憶中的酸白菜，那些跟著已逝先生的想念與過往的連結，都因爲一包包自己釀製的酸白菜重新被建立起來（佟媽走下家門前長長的、充滿生活氣味的樓梯，我在這頭看她，她拿起兩顆酸白菜對著鏡頭笑，陽光穿過她，閃耀著她的笑容！

明年，再來吃我醃的酸白菜喔～

微小的大事

盛產時節，
便是做發酵食的日子。
醃一缸酸白菜，
可是社區裡的大事呢！

我是學我黑龍江老公的作法。

每年冬天都會醃酸白菜的
佟媽

這籃吃不夠我們去拔其他鄰居的！

煮熱騰騰酸白鍋給大家吃的
阿美姐

帶我們去山下摘自種蔬菜的
丁媽

幫叮咚做石榴特調的
阿貝

向佟媽學酸白菜炒肉絲的
寶娥姐

自然發酵的味道就是跟外面吃的不一樣。

跟鄰居借凍豆腐煮火鍋的
梁姐

醃漬酸白菜，得搬大石頭重壓～

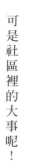

小吃大餐第二十五回

東京特色咖哩

隱身安靜住宅區的小酒吧，或是舊書店二樓的公寓裡，東京的咖哩名店總是看起來尋常，卻又充滿魅力。

BAR MOKUBAZA 晚上七點半，酒吧門口出現安靜的人龍，我在寒風中站了一小時，才得以進門吃到傳說中的咖哩。

Hally Chen

長年專事唱片美術設計，熱衷左手做設計執畫筆、右手拿相機寫文章，同時以兩種眼光看待生活日常。著有《遙遠的冰果室》、《人情咖啡店》。

酪梨起司乾咖哩（アボカドチーズキーマカレー）

乾咖哩（キーマカレー）

BAR MOKUBAZA

時髦流

比起去餐廳或喫茶店，在酒吧門口排隊等吃咖哩飯，還真是奇觀。2004年開業在原宿外圍的這間小酒吧，最初只在午間客人少的時段推出咖哩飯，想不到大受歡迎。在許多客人央求下，2008年開始在夜間酒吧時段也可以吃到。這裡的咖哩會一鳴驚人，背後下足了功夫。老闆和食品公司研究室出身的同仁，一起研究出不使

該店針對自家咖哩推出的優格飲料：拉西（ラッシー）

用麵粉、化學調味料、或任何人工添加物來做咖哩。招牌的乾咖哩使用國產的牛、豬肉不同部位、炒十小時的洋蔥，加上數十種辛香料和自製高湯製作，真槍實彈的美味，讓我忍不住加點店裡另一道「酪梨起司乾咖哩」。店家在乾咖哩上鋪上一圈酪梨，淋上莫札瑞拉起司，頂端再加一顆蛋黃，卓越華麗的外表如同咖哩界的富士山，是一般咖哩料理無法相提的等級，入口滋味豐富，更是讓寒風中排了一小時才入門的我，當場想起立鼓掌。

BAR MOKUBAZA
東京都渋谷区神宮前2-28-12
03-34042606
營業時間：午餐11:30～15:00，酒吧19:30～23:30
公休日：週日與國定假日，週一午餐。

中栄
印度カレー
魚市場流

這間1912年創業於日本橋魚市場的咖哩名店，1923年東京大地震後遷到築地魚市場，經過百年再度和眾老舖一起遷移到新的豐洲市場。在日本製作咖哩最重要的是炒洋蔥，從剝洋蔥到收尾，中榮至今仍堅持全程手工，將整鍋洋蔥炒至金黃色醬末又不能炒焦，雖然費時費力，風味百年經典。一早店裡就擠滿了來吃咖哩的客人，

蛋花湯（玉子スープ）

許多日本藝人也是該店死忠粉絲。這裡的印度咖哩、牛肉咖哩、牛肉燴飯都是長年熱賣商品，店裡還做成五人份的玻璃罐頭販售，讓客人買回家添水加熱就能食用。來中榮用餐，貪心的可以點兩種口味各半的組合，想要應景的人，也可以點一份招牌的「築地魚河岸海鮮咖哩」，裡面有蝦仁、扇貝肉、花枝等食材，最後還奢侈地放上一隻紅蟹腳，充滿百年老舖的氣勢。配上一碗店裡的熱蛋花湯，給足你一天所需的氣力。

築地魚河岸シーフードカレー

中榮印度咖哩
東京都江東区豐洲6-5-1
水産仲卸売場棟3階18
03-66330200
營業時間：早上5:00～下午2:00
公休日：同豐洲市場行事曆

追加一顆太陽蛋的印度咖哩（印度カレー）

每日中午該店皆大排長龍，客人以男性上班族為主。

カリカル

昭和印度流

JR新橋站西側的New新橋大樓、和東側這棟新橋一號大樓是全東京最陽剛的區域，每個上班日中午都可以見到大批身著西裝的男性，擠入這兩棟樓的一樓和地下街用餐。這些店家不少都是開業已經數十年、身經百戰的老舖。這間1958年創業的KARI KARU（カリカル），強調走道地印度風味。最初我是在日本網路上見

到報導，該店被評為東京四十歲中年男性心目中吃咖哩的首選，想不到一進門，真的見到吧檯內站了三位印度籍容貌的店員，讓我對風味更充滿期待。菜單上有蔬菜、炸蝦、炸豬排等多種咖哩，我點了該店最經典的印度咖哩，雞肉香嫩美味，咖哩辣度不低，才吃到一半已經熱汗淋漓，濃郁辛香好不過癮。咖哩上追加一顆太陽蛋（目玉焼き）是這裡常客的最愛，每個桌面上還放有福神漬和炸大蒜，讓客人隨意取用。

カリカル 新橋本店
東京都港区新橋2-20-15 新橋駅前ビル1号館 B1F
03-35747283
營業時間：週一至週五 11:00 ～ 22:30，週六 11:00 ～ 6:00
公休日：週日

Bondy Curry

歐風流

1973年在神保町創業的這間歐風咖哩，第一代店主村田紘一七十年代曾經在法國生活，他以自己在當地餐廳工作四年所學會的法國料理和醬汁原理，配合印度香料，以蘋果為主體，加上乳製品、牛油、紅酒、辛香料以及其他蔬菜水果，透過長時間乾炒與熬煮，製作出甜中帶辛的歐風咖哩。在開滿書店的神保町為了滿足

學生們需求，店家的咖哩飯份量都不小。不過這間Bondy份量實在太驚人，咖哩主餐之外，每位客人隨餐附上兩顆熱馬鈴薯和牛油。店內桌上湯匙有兩種，一種吃咖哩，另一種匙身寬且彎曲，用來壓馬鈴薯。我跟著鄰座幾位客人的動作，把起司塊放上熱馬鈴薯，用湯匙將馬鈴薯和牛油壓碎搗勻著吃。吃完咖哩和馬鈴薯，肚子大到得把牛仔褲第一顆扣子解開，飯後店家另一樣知名的烤蘋果已經完全吃不下了。

Bondy Curry 神保町本店
千代田 神田神保町２－３
神田古書センタービル２F
03-32342080
營業時間：11:00-22:00
無休

隨餐附上熱馬鈴薯和起司塊讓客人壓搗後食用。

牛肉咖哩（ビーフカレー）

Record
no.9
—
咖啡人的
國際連線

自烘咖啡館進化論

台灣自烘咖啡館之多，在世界咖啡城市中是相當聞名的現象，在店頭前放一部烘豆機的魅力究竟為何？

從規劃一家咖啡館的角度來說，設置烘豆空間可是一件大事！許多創業者僅想到，自己烘豆可以更直接、節省食材成本，卻沒有想到，一部烘豆機動輒一部國產車價碼（且烘豆機越大相關的配備需求越大），還必須安裝抽煙管線、靜電除菸除味系統，還有咖啡生豆的恆溫儲藏保存、咖啡豆包裝存放空間，所有需求對應相當的成本，需先確保店內需求及業務量足以攤提投資，才得以實踐。

亞洲咖啡師的進擊

從首爾到東京再到吉隆坡，我觀察到創業咖啡師們的進擊。當咖啡師們不斷

white glass coffee 烘豆室。

White glass coffee舒適的座位空間。

東京的咖啡一級戰區「涉谷」，咖啡館永遠不嫌多。white glass位在兩排櫻花樹的坡道上轉角處二樓，走上樓梯馬上被戶外陽台座位區的綠意包圍，明明是一、兩度的天，仍會有想坐戶外感受東京片刻啊～的心情！進門，陽光照著地上大大的Good Coffee Good Day，讓人馬上期待會喝到一杯什麼樣的好咖啡？

微笑想著先找位子的同時，目光立刻被尾端的烘豆室吸引，兩部大大的落地烘豆名機就在一間專屬的隔音恆溫空間裡，有點驕傲地告訴你，這裡的咖啡很威風，果不其然，咖啡點購方式多樣，尤其在綜合豆的表現，以顏色區分四款風味，但如果以為這是一家重裝備的咖啡館又大錯特錯了，橫跨整個空間的是一個開放廚房，三位廚師正在熬湯洗菜，菜單裡有各種創意料理，甜點是他們與bean to bar巧克力品牌共同開

Columnist

王詩鈺

跨界咖啡人。從連鎖體系到獨立空間，歷經Starbucks、胡同飲集聚場、三時杏仁茶、Akuma Caca、A HOUSE等創始經驗，擅長咖啡與品牌跨界，並有管理咖啡藝文展演空間十多年經驗，目前擔任專案顧問，著有《設計咖啡館開店學》、《咖啡館創業核心關鍵》。

跟進學習，開店初期仰賴烘豆廠或同業供豆的模式一段時日後，一旦內需量達到可攤提的狀態下，便開始追求屬於自己的烘豆風味、咖啡館的品牌專業或多元的獲利來源。

2017年首爾舉辦世界咖啡大賽，向世界展現烘豆專業實力，見得到的烘豆機都有十公斤（烘豆量）以上的規格，豆袋包裝也別具巧思展現品牌樣貌，著實讓世界看見首爾的咖啡新世代，甚至在地連鎖品牌也直接創立屬於自己的咖啡夢幻工廠，表態進軍世界市場的實力。

一向是職人思維的日本，也在去年中後開始出現改變！過去，東京街頭咖啡館，熟悉的樣貌不外乎是，精緻細膩運用得宜的小巧空間，專心販賣最自慢手藝，尤其在寸土寸金的東京，更難以見到烘豆機。不過在上期文章裡提到的little darling roaster，座落在東京港區卻擁有百坪空間，入門處毫不客氣的擺上一台大型烘豆機，還有廚房空間做出創意餐點，原以為是偶有的帥氣投資，想不到，緊接著的去年冬季，東京街頭開出的新咖啡館不多，卻都是令人咋舌驚艷的自烘品牌咖啡館！

Leaves coffee roster 入口。

Leaves coffee roaster Porbat UG15烘豆設備及吧台各款磨豆機。

發！一台全自動會翻面的甜甜圈炸爐正在測試中，很期待下次能吃到哪些口味，這股東京咖啡館的甜甜圈風潮，真是我的心頭好！所有的一切都在細膩中感受到專業，而專業是必須的存在，一切才能這麼舒服，不只是因為美美的。

在我心滿意足離開時，才發現入門的穿廊，佈置了創店前所有的資料收集，以及創店過程的細節、品牌設計概念，以展覽方式向消費者大方溝通想法，非常接近我對一家夢想咖啡館的概念。

從前，每到藏前我都會特地走到橋邊，一家只有三個位子的外帶咖啡館，十來坪大的空間，左邊是漢堡店，右邊是Leaves coffee。一直以來這裡都是選用挪威名店Fuglen的豆子，但當自己有能力後，往上一躍，跨過橋，來到藏前的安靜小區，走到Leaves coffee roaster，進門立刻看見烘豆名機——UG15像部超跑停在門口，簡單的空間，一排靠窗長椅連桌子也沒有，喝咖啡就是得好好的端著，出杯時咖啡師會和各年齡層客人都聊上幾句，清楚分享咖啡資訊。這裡有種你對東京職人的熟悉，卻又很酷很潮，讓人期待著，他會給出一杯如何讓人會心一笑的咖啡。

怦然心動的麵包料理

Lesson 1

《クロワッサン》

點亮美味的可頌新提案！

どきどき～

どきどき～

快看看這張照片！層次分明，外層酥脆，內層鬆軟，咬勁適中並飄著濃郁奶油香氣的可頌。想不想烤出這樣的可頌？

和好麵團、包入奶油並摺疊、整形、送進爐烘烤……。多希望能把製作過程的樂趣讓妳們感受到。

「很麻煩吧？！」、「很難的樣子！」，可頌難免給大家這種印象，但它卻是從秋天到春天，我在家裡最想製作的麵包第一名。

沒錯！可頌是麵包的一種，所以發酵是左右美味的關鍵。

快手揉好麵團，送入冷藏庫慢慢發酵，美好滋味便由此誕生。就在晚上睡夢中發酵，接著把發酵完成的麵團將奶油包裹摺疊進去，操作過程還須不時將麵團送進冷藏庫冷卻。

擀開摺疊麵團後切成三角形，再次發酵後烘烤。烘烤時瀰漫於家中的香氣也是美食的一部分。

我是為了這個無法抗拒的「口感」而做。即使稍微的不完美，只要是自己做的就是特別好吃。

翻譯／王雪雯

Columnist

德永久美子

橫濱市人氣麵包店『德多朗麵包店（Backerei TOKTARO）』主理人，身兼麵包店老闆、三個孩子母親，料理研究家等多重角色，料理經驗逾30年。擅長麵包與料理的搭配，常把平凡的食材組合出令人驚喜的味道。此專欄希望能帶給讀者更多風味上的想像與靈感，挑幾樣感興趣的，跟著做就對了！台灣翻譯作品有《愛上做麵包》（2002）、《麵包料理：77種令人怦然心動的麵包吃法！》（2014）。

雖然我一直強調「在家裡做麵包充滿樂趣！」，但如果成品比不上店家賣的好吃，或至少相當於店家水準，豈不失去在家做麵包的意義？

當然你也可以選擇在麵包店購買喜愛的可頌，這裡也納入搭配可頌食用的食譜。

在日常享受可頌生活嗎？愛上可頌23年

我與命中注定的可頌相逢在23年前。

那年我29歲，參加了麵包業界所組的旅行團，到巴黎參觀世界盃麵包大賽，並個別到法國和德國的麵包學校進行各兩天的課程。當時德多朗已開店六年，店裡逐漸步上軌道，每天過著忙碌的日子。我生了一個孩子，每天過的也算充實，但我先生告訴我：「孩子一多就更去不了了啊！」，感謝他推了我一把，鼓勵我跨出去，我心中滿是對自己修行經驗不夠長的自卑，但也充滿著想去探索未知世界的期待，決定一定要滿載而歸。

在巴黎那幾天，我們放棄飯店準備的早餐，每天大家一起合搭計程車到處品嚐1～3家麵包店。我們去了過去曾造訪過非常喜愛的麵包店，買了法國棍子麵包，順便也帶上了可頌。

這就是那命中注定的相逢。

大口張開咬下，首先感受到的是充分烤熟的輕盈外層，相對於此接下來感受到的內層卻不過乾，咬下的同時還帶著稍往側邊拉扯般的彈性。在喉間吞下時飄出的麵粉風味與發酵所帶來的香氣與甘甜滋味……

「ㄟ？可頌居然這麼好吃？」我詫異不已。自此之後便迷上了可頌，變成了我非常喜愛的麵包之一！

我當年修行是從花半天以上時間烘烤「丹麥酥麵包」爲起點。當時算是店裡的主打商品，所以說什麼也想烤出最好吃的滋味。我和後來成爲丈夫的他一起並肩操作，爲麵包整型，也一起準備隔天要用的可頌麵團。當時的印象是「這眞是款很胖的麵包」。

眞不知總共烤了多少丹麥酥麵包和可頌麵包，是段令人懷念的回憶。

每天烤每天烤，我發現了這些事。要擅於分辨發酵完成的訊息，不能錯過重要的關鍵時機：

1.發酵過程避免麵團乾燥。

2.一開始烘烤時爐火要強，之後再調降溫度小心烤到最後階段。

3.最重要的是，忠實探討找出自己眞心覺得最好吃的滋味。

我就這麼每天著了魔似的烤著，一年轉眼就這麼過去。原本我沒特別感覺的可頌麵包，因爲在巴黎嚐到好吃的可頌後變成「大心」，瞬間就愛上了。

至此不渝。

クロワッサンセット

『搭配可頌的小料理：可頌也可以夾餡呢！』

1

香草風味
小扁豆沙拉

偶爾會想吃這種加了滿滿新鮮香草的料理，興之所至馬上動手做！快試試在拌入沙拉醬的豆類中添加香草，即可完成一道令人通體舒暢的佳餚。

材料：

- 法國產小扁豆
- 蒜頭
- 月桂葉
- 洋蔥沙拉醬

作法：

❶小扁豆沖水後放入鍋中並加入滿滿的水，擺進壓碎的蒜頭、月桂葉，將豆子煮熟並讓香氣釋放。15分鐘左右小扁豆還帶皮但已變軟，即可倒入網篩中濾掉水分。

❷在料理盤上襯餐巾紙後倒入小扁豆，放進冰箱冷藏一晚。（法國人教我如此一來扁豆口感會變扎實更好吃）

❸將豆子放入鋼盆並加入時令蔬菜（紅洋蔥切粗丁、切段的芝麻葉、芹菜、小黃瓜等），再拌入適量的洋蔥沙拉醬。

❹上桌前再拌入大量的新鮮香草（蒔蘿、義大利巴西利、香葉芹等），搭配法式黃芥末醬一起食用。

洋蔥沙拉醬！

洋蔥200克、蒜頭2瓣、鹽17克、醋3/4杯、不搶味的油1杯，都放入瓶中後以電動攪拌棒打碎即可。

2

蒔蘿漬鮭魚

撒上「怎麼這麼多啊！」份量的糖與鹽幫助水分滲出。風味瞬間變濃郁，是有別於煙燻鮭魚的鮭魚美味加工料理。若準備的鮭魚油脂較多可拉長醃漬時間，不僅可用來搭配可頌麵包，和貝果或裸麥麵包也是絕配。

3

（香料）柳橙果醬

用柳橙等製作的柑橘類果醬非常好吃！「但處理表皮的白色薄膜超麻煩」，確實我常聽到人家這麼說。這款柳橙果醬可以解決大家的煩惱，整顆燙煮的柳橙看不到白色薄膜，最適合用來做果醬。酸酸甜甜並帶著一點香料的香氣，抹厚厚一層到可頌麵包上再大口咬下。

材料：

- 臍橙4顆
（也可用晚崙西亞橙或一般柳橙取代）
- 細砂糖（臍橙煮完後60%的重量）
- 檸檬汁100毫升
- 自製綜合香料2小匙

超級好用 綜合香料

肉桂5大匙、小豆蔻3大匙、薑粉3大匙、肉豆蔻1大匙、丁香2大匙，我會以這個比例搭配放到玻璃瓶裡保存，是我個人專屬的綜合香料。

作法：

❶準備一個能放進4顆臍橙的大鍋。將臍橙放入後再倒入滿滿的水，開中火加熱，煮沸後轉小火，滾水煮15～20分鐘就可以把臍橙皮煮軟。把鍋子水倒掉，濾除水分放置15分鐘。

❷濾乾水分後削皮，將果肉切成2cm丁狀，果皮切絲，一起放入較厚的鍋中。加入細砂糖以木杓攪拌，開中火加熱，一邊擠壓果肉一邊攪拌。煮沸後轉小火，一開始因為水分較多，要維持在煮開狀態以收水分，加入檸檬汁。

❸皮開始呈現透明，並收乾到原本水分一半左右的份量即可熄火，以電動攪拌棒稍微攪打成想要的口感，加入綜合香料並以木杓拌勻即完成。

❹熄火後趁熱裝瓶，蓋上瓶蓋後倒扣放涼，不開封，常溫可保存2-3個月，開封一律冷藏，並於2週內吃完。

材料：

生魚片用生鮭魚1/4尾，
（約500克，帶皮為佳）
此次使用大西洋鮭

材料A：

- 黃蔗糖50克
- 鹽100克
- 乾燥蒔蘿2小匙
- 白胡椒粉1/2～1小匙
- 橄欖油適量
- 烘烤過的杏仁薄片、
- 新鮮蒔蘿依個人喜好適量

作法：

❶使用帶皮鮭魚，將帶皮的面朝下放入料理盤。

❷在鋼盆內放入黃蔗糖、鹽、乾燥蒔蘿、白胡椒並拌合。

❸以❷完整包覆到❶的鮭魚上並蓋上保鮮膜，冷藏放置約7小時。

❹從冷藏取出後將鹽巴等沖洗掉並將水分擦乾，再塗上薄薄一層橄欖油後保存。若不現吃，可冰箱冷藏，也可多做一些，切片後冷凍保存。

❺以菜刀薄切鮭魚後即可盛盤，放上蒔蘿、烘烤過的杏仁薄片，再淋上少許橄欖油。（若不易切片可先放進冷凍庫凍成半結凍狀態再切）

台灣生魚片
生鮭魚哪裡買？

可找傳統市場裡，品質良好、信任的魚販，或百貨超市裡皆有。

クロワッサンデザート

『吃不完的可頌怎麼辦？』

讓可頌重新活過來的美味甜點

1 杏仁可頌

能讓放了2～3天的可頌重新活過來的美味甜點！比起新鮮的可頌，用稍微放了幾天的可頌來製作更好吃。蘭姆酒的原料是甘蔗，因此在杏仁奶油餡中添加黃蔗糖最對味。剛放涼的酥脆口感，人間美味。

材料：

- 吃剩的可頌麵包
- 杏仁薄片
- 杏仁奶油餡
- 無鹽奶油100克
- 黃蔗糖120克
- 全蛋L尺寸的蛋一顆（淨重60克）
- 杏仁粉100克
- 低筋麵粉20克
- 蘭姆酒20克

作法：

先製作添加黃蔗糖的杏仁奶油餡

❶將切薄片的無鹽奶油放入大鋼盆，稍微軟化後即可以木杓攪拌。

❷將杏仁粉、低筋麵粉拌合備用。

❸分三次加入黃蔗糖，每次加入後都要以木杓攪拌均勻。

❹加入全蛋，改持打蛋器拌入空氣。

❺一口氣加入已拌合的作法❷的粉類，再加入蘭姆酒以橡皮刮刀將整體拌勻即完成。

❻蓋上保鮮膜後即可放進冷藏保存備用（亦可冷凍保存）。

組合即完成！

❶從可頌正上方用刀子將可頌切成對半。（圖一）

❷在切面中央擠上杏仁奶油餡後再用另外半片蓋上。（圖二）

❸在可頌表面也擠上杏仁奶油餡並放上杏仁薄片。

❹在180度的烤箱烘烤15分鐘。

圖一

圖二

運用可頌麵包做三明治

可頌三明治帶著其他麵包沒有的特殊風味，我非常愛。這裡介紹的兩款三明治都是我的店—「德多朗麵包店」中相當受歡迎的人氣組合。

鹹味、甜味、酸味、清新的綠葉風味，在口中融為一體。三明治的**夾層順序**也相當重要。

2

生火腿與南瓜

❶在切成薄片的南瓜刷上橄欖油後進200度的烤箱烘烤12分鐘。(可依厚薄調整烘烤時間)
❷可頌側邊切成兩半，擠上乳霜狀的奶油起司、放上南瓜，再層層疊上生火腿、切片的紫洋蔥、芝麻葉。
❸生火腿的鹹味與南瓜的甜味相當搭配，芝麻葉帶來清爽感，而奶油起司會將整體風味串聯起來。

Point

在南瓜上放上迷迭香的莖(或切碎的葉子)再烘烤也不錯。

3

兩種酸溜溜高麗菜與里肌火腿

❶在加了鹽巴的熱水裡放進切粗絲的紫高麗菜，燙過即撈起。趁熱與洋蔥沙拉醬拌合，放入冷藏保存。
❷與適量的市售德國酸菜拌合後加入香料葛縷子(Caraway seed)。
❸可頌側邊切成兩半，擠上台灣美乃滋或乳霜狀的奶油起司，放上切成對半的里肌火腿再疊上兩種酸溜溜高麗菜夾著享用。

Point

冰箱裡常備有蔬菜夾餡就可馬上變出三明治，真是非常方便，高麗菜與德國酸菜拌過後必須於隔天吃完。只與洋蔥沙拉醬拌合的狀態可於冷藏保存10天。

どうやって作るの？

『想玩一下嗎？在家做出好吃的可頌』

材料：11個的份量

- 準高筋麵粉500克
- 鹽10克
- 速發乾酵母6克
- 黃蔗糖50克
- 水（除夏天外使用溫水）1又1/2杯
- 奶油（無鹽，用來拌入麵團，使用前先恢復室溫）25克
- 奶油（無鹽，用來包裹摺疊入麵團，冰涼備用）250克
- 蛋液適量

*在此使用日清製粉的レジャンデール（Légendaire）準高筋麵粉。

作法：

麵團的作法

1. 於鋼盆中放入粉類與鹽大致拌勻後於中央做出一凹陷處，擺入速發乾酵母與黃蔗糖，倒入少許的水並以手指拌溶乾酵母。

2. 在粉類尚未完全拌勻前，用手將拌入麵團用的奶油捏碎分小塊拌入，使其均勻分布才易與麵團融合。奶油揉勻後即將麵團自鋼盆取出，在工作檯上摔揉50下左右。此時麵團呈現粗粗的不平滑狀態。

3. 麵團成團後即可放入鋼盆並蓋上保鮮膜，放入冷藏鬆弛8小時左右，揉完後的溫度以24度為最佳狀態，若高於24度可稍微縮短鬆弛時間（一次發酵）。

4. 在工作檯撒上手粉（高筋麵粉，份量外）後取出麵團。以掌心壓平麵團，自中央往外將麵團擀成24cm正方形，以保鮮膜包裹後放進冷藏冷卻。

5. 將準備包入摺疊用的奶油自冷藏取出並撒上手粉，以擀麵棍敲打使其攤平開來。敲打至硬度一致後再以保鮮膜包裹，擀成17cm正方形，放入冷藏冷卻至使用前為止。（調節麵團與奶油的硬度一致）

摺疊與整型

6. 將步驟❹的麵團攤平於工作檯上，再次以擀麵棍敲打使其與奶油硬度一致。

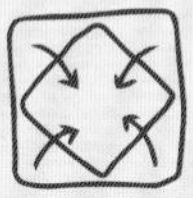

7 將奶油斜放至麵團上，並將麵團四個角摺向中心，將接合處確實捏緊。

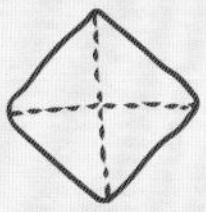

8 確實包裹住。

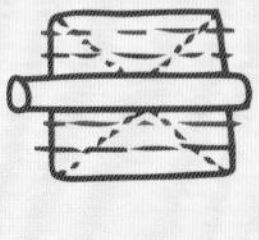

9 以擀麵棍壓實，讓麵團與奶油密合。

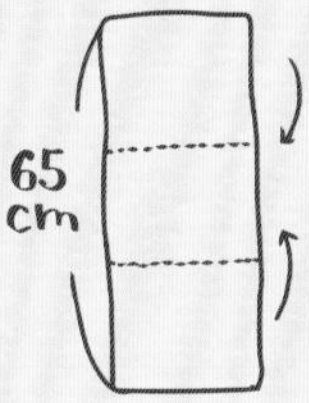

10 將麵團擀向兩端，維持同一寬度將麵糰擀成65cm長度後摺疊。

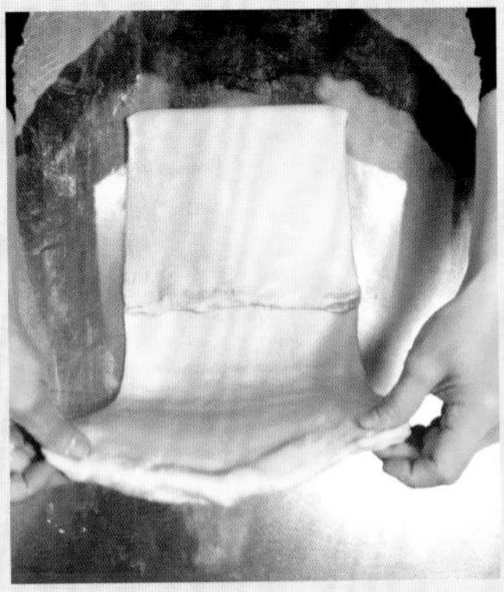

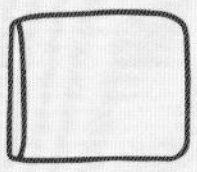

11 將麵團長邊摺成3折後以保鮮膜包裹，放進冷藏鬆弛15分鐘，第一回合完成！

12 將麵團轉90度，一樣再次擀長並摺3折（重複作法⑩、⑪），（摺疊時為避免奶油滲出，操作時須不時放進冷藏冷卻）。在完成三次三折的操作後即用保鮮膜包裹住，放進冷藏鬆弛1小時。

Point

第三回合較不易擀開，若奶油過軟、擀不開、不易操作時一律送進冷藏鬆弛冷卻再操作，不過要小心冷卻過頭容易在擀開時造成奶油斷裂。

13 從冷藏取出麵團後再次擀成65cm的長度，在兩個長邊分別每隔5cm和10cm做記號，切割成底邊為10cm的等腰三角形。

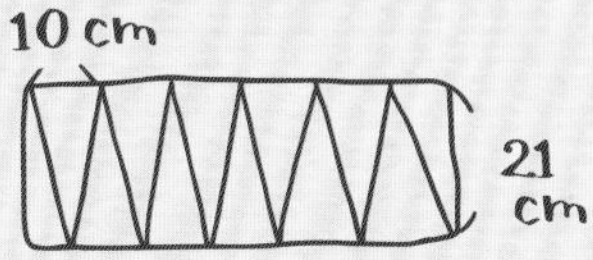

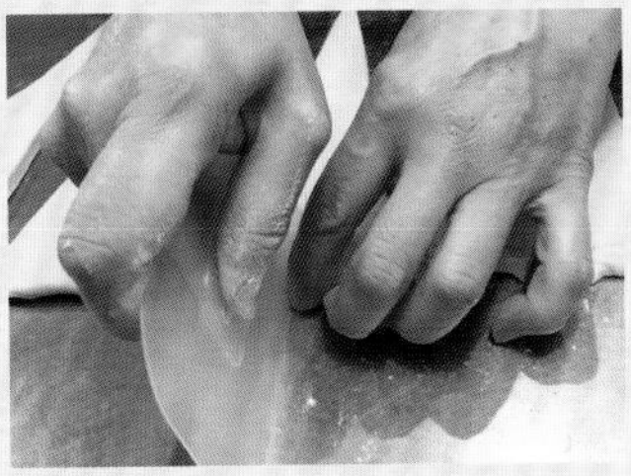

14 在底邊中央切開2cm左右的切面，以手將切面拉開並向尖端處捲起。

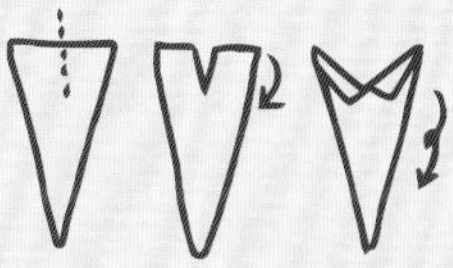

15 放到已鋪有烘焙紙的烤盤上，噴水。放入僅預熱3秒的烤箱（烤箱內部約為28度），發酵50分鐘左右（二次發酵）。偶爾打開烤箱噴水以避免乾燥。

16 將烤箱預熱至230度，於可頌表面刷上蛋液，將烤箱降至210度後放入烘烤18分鐘左右即完成。

できあがり！

總鋪師的五條路 第四條

海。鮮。舖

「總鋪、總鋪」每個「鋪」都要走到相當熟悉，
這就是「總鋪師」的由來。
源之，取之，用之，變化之。
對食材的了解，是入行的第一步，
也是必須一直堅持下去的路。

文字 **陳思妤**

問題多，記憶力強，喜歡圍繞在阿公、阿嬤身邊問為什麼？聽屬於那年代的故事。小時候愛跟著去外燴，開心的時候還會登台哼曲。家中的鞋子時常不成雙，因為被阿公用重機載著去外燴，回程太晚，睡著了，鞋子也就飛走了。逝去日子如鞋子，尋不回；可存放在心裡的是揮不去的甜蜜。希望憑藉記憶中的溫度，述說每道料理背後的深切。

料理 **陳兆麟**

為人慷慨，交友廣闊，一生只在一個單位服務一宜蘭渡小月，在祖父及爸爸身邊學習如何當一位全能總鋪師；冷台、砧板、灶台、蔬果雕刻、祭祀準備，總鋪師所需的十八般武藝，沒一樣難得倒他。兆麟師端出的新台灣菜，都有著傳統菜的倒影，裝飾著每道新菜的則是祖先們的智慧及年少時的回憶。自始至今，對餐飲的熱誠從未退燒。

海鮮大哉問！

海鮮種類富饒，除了跑市場海鮮舖，兆麟師亦會至海港巡視新鮮漁貨，近年來永續海鮮風氣盛行，拜訪養殖場，也成為總舖師的新功課。魚、蝦、蟹、貝，該如何挑選、清理及烹調？海鮮大哉問，解決您愛料理的煩惱。

魚

挑選

魚的眼睛，需清澈、濕潤、圓鼓鼓，如霧茫茫、含污血混濁、塌陷的眼睛即不新鮮。再則可視魚鰓是否新鮮血紅，無異味，發黑代表魚已失去鮮度。魚表面需完整，有光澤，肉質富有彈性。若選購盒裝魚（如鮭魚），可視肉色是否新鮮無轉黑，如盒中出水亦避免購買。

清理

可請店家將魚鱗及內臟清除乾淨，切成料理的大小。若只是清蒸，可清除魚鱗、內臟後，保持全身，烹調前，兩面各劃刀即可。

烹調

新鮮的魚最適合清蒸，烹調前將魚身上的水擦乾，取油塗抹魚身，蔥薑放置盤底，放上鮮魚，入蒸籠（重約600克的鮮魚蒸約15分鐘）。出籠後擺上新鮮細蔥，將滾燙的醬油、蔥油淋上即可。若要煎魚，同樣要先擦乾魚身（避免熱油遇水噴油），在魚身上拍些粉，煎起來的魚表皮不易破裂，待鍋熱後入油，油熱後入魚，之後轉中小火，將底面先煎3分鐘，再翻面煎3分鐘即可（煎魚時亦可蓋上鍋蓋，形成下煎上蒸）。

親下海港與魚鋪交流，
能更了解當季盛產海鮮。

貝殼

挑選

以海瓜子爲例，新鮮海瓜子，內部肉質清澈淡雅，選購時可先嗅嗅水中是否無異味（藥水味或惡臭味）；再則觀察海瓜子是否微微張開。亦可詢問店舖，是否能以撈子，輕輕撥動，視海瓜子是否會一張一合。

清理

貝類料理技中最重要的是吐沙方法，在此提供三種方式。

1. 泡鹽水，比例1：50，約2個小時。
2. 泡50℃左右的溫水，時間20分鐘。

另外，老一輩有一個有趣的說法，可以放鐵釘跟貝類一起浸泡，會讓貝類快速吐沙，家中如有鐵盆，只要將其放入盆中浸泡亦能有效增快吐沙的時間。

烹調

新鮮貝類香甜可口，只要一點辛香料提香，就能輕鬆端出一盤鮮味料理。但貝類事前的吐沙步驟，千萬不能少！最後提香的九層塔也別忘記了。

蝦蟹

挑選

選擇全身完整的蝦，若蝦身與蝦頭快脫落則代表不新鮮。現今台灣養殖業以海水替換法，成功培育出優良的蝦類，加上急速冷凍的技法卓越，挑選經由政府單位把關，天然養殖的冷凍無毒蝦是很棒的選擇。蟹類也需挑完整全身，另外看起來同樣大小的蟹，可選重量較重的，肉感會比較扎實。

清理

蝦買回後過水洗淨，料理前將蝦頭尖角及頭鬚修剪乾淨，以防食用時刺傷；背部以剪刀剪開，以牙籤挑出腸泥。蟹買回家後，放置水中（1公升對上30~35g的鹽），幫助蟹將髒水吐乾淨；接下來將蟹浸泡在料理酒中10分鐘，幫助髒物繼續排出，達到去腥作用，同時蟹醉暈了，接下來的清理步驟會比較簡單。取剪刀將腹部的上蓋剪開，撥開蝦身及外殼，取出沙囊，修剪毛鬚，將蟹身刷乾淨即可。

烹調

新鮮大蝦簡單燙熟後即食，最能吃出鮮味。中型蝦適合與雞蛋拌炒，是大人小孩都喜愛的菜餚。小型蝦適合用來提香，如櫻花蝦炒飯、開陽炒高麗菜。蟹則推薦做成經典台菜紅蟳米糕，中國經典菜中亦有大蟹飯，蟹黃與米飯交織出的鮮香，澎湃又大器。

近來養殖風氣盛行，鱘龍魚、香魚、鯽魚皆是符合經濟效益的魚類。總舖師們至養殖場體驗，發現空間、環境、職人的愛，一樣也不能少，如此才能養殖出乾淨無污染優質的魚。

浪花的回憶

鯖魚有多種叫法，在我們家稱爲「花飛」，因爲她獨特的花紋在水中活跳跳的，猶如銀色花兒在水上飛著跳著，閃閃動人。

兆麟師很喜歡花飛，對其有獨特的情感。在「麟手創料理」開幕時，將這食材安排在菜單中。有位年約六十的男客人，用餐後很驚訝又很生氣地跟店內反應：「高級餐廳，怎麼可以給客人吃這種料理？這是我們那個年代窮人在吃的。」兆麟師得知馬上過去瞭解：「請問這道料理不好吃嗎？」客人回答，不是不好吃，而是這道料理讓他百感交集，咀嚼著花飛獨特的味道勾起兒時回憶，是很久都沒有過的感覺。他再次耐心地跟客人溝通，在我們兒時的年代，花飛盛產，所以窮人家會將花飛醃製，小小的一片花飛乾，就夠我們扒一碗稀飯。現在的花飛沒以前那麼多了，價格也不便宜。以這道食材入菜，亦不是價格的問題，而是能勾起回憶的料理，您覺得值多少呢？

紅燒鯖魚

【材料】
鯖魚2尾、洋蔥50克、青蔥1支、紅椒30克、青椒30克

【醃魚料】
鹽1茶匙、酒1茶匙

【調味料】
番茄醬1杯、白醋1杯、白糖1杯

【洗】
所有材料洗淨。

【砧板】
洋蔥、紅椒、青椒切菱條；蔥切段；鯖魚劃刀，入醃料醃10分鐘，使其入味。

【油鍋】
起油鍋入油，以中火約150℃，將鯖魚炸熟，取出置入盤中。

【炒鍋】
炒鍋入油炒香蔥段，續入調味料、洋蔥、紅椒、青椒，起鍋淋上鯖魚即可。

READ MORE!!

《台菜聖典－總鋪師的五條路》

Tip 下漁港，巡漁貨

近年來花飛價格頗高，品質好、油花多的花飛，大多由日本收購，能拿到品質好的漁貨，實屬不易。其獨特風味對饕客而言，也是無其他魚種所能取代的。

Yes, I do. 我願意跟著 好吃

一起實踐慢食好生活！

【2019 年訂戶優惠方案】限量推出！

方案A

訂閱《好吃雜誌》一年四期

原價 996 元　特價 750 元

75折

方案B

訂閱《好吃雜誌》兩年八期＋贈 Forlife Bella Teapot

原價 1992 元　特價 1500 元

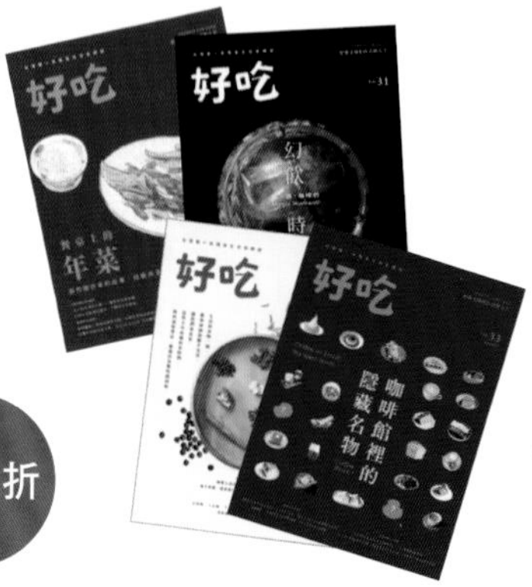

75折　+

顏色紅、綠、白、黃隨機出貨
數量有限，送完為止。
市價 850 元

YES! 我要訂閱
2019年6月15日前回覆有效

我要訂閱（以下訂閱價不含掛號費用，如需掛號寄送每期另加20元）

☐【方案A】：訂閱《好吃雜誌》一年四期原價996元，特價750元。

☐【方案B】：訂閱《好吃雜誌》兩年八期原價1992元，特價1500元，再贈 Forlife Bella Teapot。

☐ 我是新訂戶首期期數從第____期開始（最新期為：2019年06月 NO.35期）☐我是續訂戶請接續期數，訂戶編號______________

訂戶資料

收件人：　☐先生☐小姐	聯絡電話：(O)　(M)
EMAIL：	寄件地址：☐☐☐

訂閱方式&付款資料

☐ 郵政劃撥。帳號：19833516　戶名：英屬蓋曼群島商家庭傳媒股份有限公司城邦分公司

☐ 網路訂購。請上城邦出版人讀者服務網　http://service.cph.com.tw/

☐ 信用卡。詳填妥後請傳真或寄回

信用卡號：　　－　　－　　－	有效期限：西元　年　月
金額：　元	簽名：（需與信用卡一致）
☐ 二聯發票　☐ 三聯發票　統編：	抬頭：

【客服中心 24小時傳真熱線 02-2517-0999、02-2517-9666／市話免付費服務專線 0800-020-299（週一至週五 9:30am-18:00pm）】

注意事項
❶ 贈品以實品為準，於訂單成立後20天內另行寄出。
❷ 優惠方案至2019年6月15日止，贈品數量有限，送完為止。
❸ 好吃雜誌保有贈品與案型調整之權利。
❹ 以上優惠僅限台灣地區(含澎湖、金門、馬祖)，海外讀者恕不適用。

為提供委刊，客戶管理或其它合於營業登記項目或章程所定業務需要之目的，英屬蓋曼群島商家庭傳媒(股)公司城邦分公司，於本公司之營運期間及地區內將以電郵，傳真，電話，簡訊，郵寄或其它公告方式利用您提供之資料。利用對象除本公司外，亦可能包括相關服務的協力機構。如您有依個資法第三條或其它需要服務之處，得致電本公司請求協助。相關資料皆為必填項目。

PASSION FOR FOOD

從對食材的關心出發，上山下海，
致力於尋找台灣好食材與精彩的飲食故事。

35 期

34 期

33 期

32 期

31 期

30 期

29 期

28 期

27 期

26 期

25 期

24 期

23 期

22 期

21 期

20 期

19 期

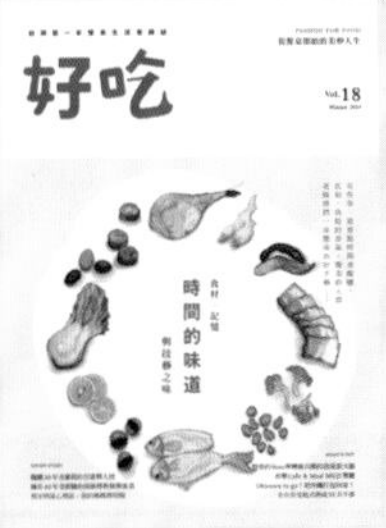

18 期

17 期

16 期

15 期

14 期

13 期

12 期

台灣第一本慢食生活誌

訂閱專線：0800-020-299(週一至週五 9:30am-18:00pm)

發行人　何飛鵬
總經理　李淑霞
社　長　張淑貞
出　版　城邦文化事業股份有限公司 麥浩斯出版
地　址　104台北市民生東路二段141號8樓
電　話　02-2500-7578
傳　眞　02-2500-1915
購書專線　0800-020-299

發　行　英屬蓋曼群島商家庭傳媒股份有限公司城邦分公司
地　址　104台北市民生東路二段141號2樓
電　話　02-2500-0888
讀者服務電話　0800-020-299（週一～週五9:30AM~06:00PM）
讀者服務傳眞　02-2517-0999
讀者服務信箱　csc@cite.com.tw
劃撥帳號　19833516
戶　名　英屬蓋曼群島商家庭傳媒股份有限公司城邦分公司

香港發行　城邦〈香港〉出版集團有限公司
地　址　香港灣仔駱克道193號東超商業中心1樓
電　話　852-2508-6231
傳　眞　852-2578-9337
Email　hkcite@biznetvigator.com

馬新發行　城邦〈馬新〉出版集團Cite(M) Sdn Bhd
地 址　41, Jalan Radin Anum, Bandar Baru Sri Petaling,
57000 Kuala Lumpur, Malaysia.
電 話　603-9057-8822
傳 眞　603-9057-6622

Executive assistant manager 電話行銷
Executive team leader　行銷副組長 劉惠嵐 Landy Liu　分機1927
Executive team leader　行銷副組長 梁美香 Meimei Liang　分機1926

製版印刷　凱林印刷事業股份有限公司
總經銷　聯合發行股份有限公司
地　址　新北市新店區寶橋路235巷6弄6號2樓
電　話　02-2917-8022
傳　眞　02-2915-6275

版　次　初版一刷 2019年3月
定　價　新台幣249元／港幣83元

Printed in Taiwan

登記證 中華郵政台北誌第373號執照登記爲雜誌交寄

國家圖書館出版品預行編目(CIP)資料

好吃. 35：City Food！台灣食物旅行學 / 好吃研究室著. -- 初版.
-- 臺北市：麥浩斯出版：家庭傳媒城邦分公司發行, 2019.03
面；　公分
ISBN 978-986-408-472-2(平裝)

1. 食物 2. 旅行

427　108001065

好吃　Vol.35
City Food！台灣食物旅行學

總 編 輯　許貝羚
副總編輯　馮忠恬
採訪編輯　鍾玉霞
特約撰稿　王瑞閔、石傑方、李俊賢、李佳芳、沈軒毅、洪奕萍、徐仲、津和堂（依筆劃）
特約攝影　王正毅、PJ
專欄作家　Hally Chen、王詩鈺、叮咚、陳兆麟、陳思妤、徐銘志、德永久美子（依筆劃）
藝術指導　馮宇（IF OFFICE）
美術編輯　IF OFFICE
行　　銷　曾于珊